AF459019

LA

THEORIQVE

DES CIEVX ET SEPT PLANETES, AVEC LEVRS

mouuemens, orbes & diſpoſition treſ-vtile & neceſſaire, tant pour l'vſage & pratique des tables Aſtronomiques, que pour la cognoiſſance de l'vniuerſité de ce hault monde celeſte.

Le tout composé, demonſtré & illuſtré de figures par ORONCE FINE, Lecteur Mathematicien du Roy.

A PARIS,

Chez DENISE CAVELLAT, au mont S.Hilaire, à l'enſeigne du Pelican.

1607.

PSALME XIX.

Les cieux en chacun lieu,
La puissance de Dieu
Racomptent aux humains.
Et ce grand tour espars
D'astres de toutes pars,
Est l'œuure de ses mains.

A MONSIEVR MAISTRE CLAVDE GVIOT CONSEILLER DV Roy, & Maistre de ses Comptes à Paris.

MONSIEVR, si la grande ieunesse en laquelle vous me cognoissez estre presentement constitué, permettoit que ie peusse propremēt & eloquemment icy vous exprimer les pueriles conceptions de mon simple esprit, & signamment les causes par lesquelles ie me sens vous estre iustement obligé & redeuable, certes ie n'espargnerois temps & peine pour satisfaire au bon vouloir, que Dieu aidant, me faira compagnie iusques à ce que ie le puisse vn iour mettre en faict euident, & desiree execution. Laquelle pendant que ie seray songneusement pour-

ſuiuant, ie vous ſupplie tres-humblement vouloir prendre, comme pour arre, le preſent liure troué n'agueres entre le reſte des labeurs de feu mon treshonoré pere voſtre bon & ſingulier amy. Lequel liure Antoine Mizaud deſirant mettre en lumiere (à qui nous auons eſté affectueuſement recommandez par noſtre pere viuant & mourant, comme auſsi toute ſa bibliotheque) apres auoir entendu que Guillaume Cauellat, homme fort diligent à bien & proprement illuſtrer par impreſsion les Mathematiques, faiſoit aproches pour l'imprimer, tres-ſoigneux de nous & nos affaires m'a diligemment ſollicité & admoneſté vous adreſſer, & ſelon mon petit gergon eſcrire quelque brieue Epiſtre accompagnant le preſent opuſcule. Duquel il m'a affermé la dedication vous eſtre iuſtement deue: pour autant que vous aimez ſingulierement la cognoiſſance des choſes du Ciel, & auſsi que toute noſtre pauure famille & maiſon vous eſt merueilleuſement redeuable. Doncques Monſieur, voſtre bon plaiſir ſera vouloir autant gratieuſement recepuoir le preſent labeur de feu voſtre bon amy mon Pere, comme vous auez receu pluſieurs choſes de ſa main & inuention, pendant que Dieu le nous laiſſoit, & permettoit viure. Ce faiſant vous nous obligerez à prier de plus en plus pour

vostre prosperité. Laquelle ie vous desire perpetuelle auecques augmentation de tous biens.
A Paris, au college de Prelle, ce xij. iour de Feurier. M. D. LVII.

Vostre Filiol & tresobeissant seruiteur.

CLAVDE FINE.

EPITAPHE DE M. ORONCE FINE, LECTEVR Mathematicien du Roy.

LE corps en terre à la fin s'est rendu
D'Oronce mort: mort? c'est mal entendu:
Il est la haut appellé par les Dieux,
Pour auec eux viure, & regir les cieux:
Il est rauy sur la machine ronde
Pour mieux la voir & regler: en ce monde
Ne fut trouué digne de telle charge
Autre viuant, tant fust il docte & sage.
Doncques aux cieux son esprit s'est rendu:
Voila pourquoy, helas, l'auons perdu.

MOVRIR POVR VIVRE.

LA THEORIQVE DES CIEVX ET MOVVEMENTS d'iceux, comm' aussi des sept planetes : composee & ordonnee par ORONCE FINE, Lecteur Mathematicien du Roy.

Brieue diuision & description de tout le monde vniuersel, auecques la distinction des orbes celestes.

POVR auoir facile cognoissance des choses qui sont cy apres à declarer, il faut premierement noter que tout le monde est vniuersellement composé de deux principales parties, c'est à sçauoir de la region celeste, & de la region elementaire. Par la region elementaire nous entendons les quatre simples elemens : qui sont le Feu, l'Air, l'Eau, & la Terre : & auec ce tous les corps parfaicts ou

Region elementaire & inferieure.

imparfaicts, viuans ou non viuans, faicts & compoſez materiellement, ou virtuellemēt, par l'alteration, corruption, mixtion, vnion, & vertu deſdicts quatre elemens. Par la celeſte regiō eſt entenduë la machine des ciels mobiles, comprenans les eſtoilles tant fixes, comme erratiques, que nous appellons Planetes : de laquelle celeſte machine eſt a preſent queſtion, principalement deſdicts ciels mobiles: deſquels le mouuement eſt cogneu & diſcerné par les eſtoilles eſtans in iceux tellement que l'on eſt contrainct tant par experience, que par raiſon naturelle, attribuer aux dicts ciels quelque naturel & propre mouuement.

Region celeſte & ſuperieure.

Ordre ſituation & figure des elemens.

Secondement il faut noter que l'ordre, ſituation & figure des quatre elemens deſſus nommez eſt ainſi comme s'enſuit. La terre eſt au mylieu de tout le monde, comme centre vniuerſel d'iceluy. Enuiron & par dehors ladicte terre eſt l'Eau, redigee en moindre quantité, & plus contraincte que ſa naturelle diſpoſition ne requiert: & ce pour la decouuerture des parties exterieures de la terre, neceſſaires à l'habitation & vie des viuās: tellement que l'Eau & leſdictes parties deſcouuertes de la Terre, font vne meſme ſuperfice par dehors : tendant par tout endroit comme vn mefme corps a rotundité. L'air enuironne & circuit rondement ladicte fuperfice exterieure de l'Eau & de la Terre defcouuerte:

Trois regions & parties de l'air.

Lequel air eft accidentalement diftingué en trois interftices, regions principales. C'eft à fcauoir en la plus haulte, qui eft large enuiron le milieu, refpondant aux deux tropiques, & vers les poles du monde eftroite. La plus baffe aupres de nous, femblablement eftroite vers les poles, & large enuiron le milieu. Et la moyenne contraire tant de nature accidentale, que de figure & difpofition aux deux regions deffus nommées.

Le feu finablement enuironne rondement L'air, tellement que lefdictz quatre elemens tendent naturellement a rotundité, & font vne fphere (dont l'exterieure & conuexe fuperfice, eft contigue au cõcaue du ciel & orbe de la Lune) laquelle fphere eft dicte elementaire. Defdictes chofes enfuit defcription & figure.

Figure de la partie elementaire du monde.

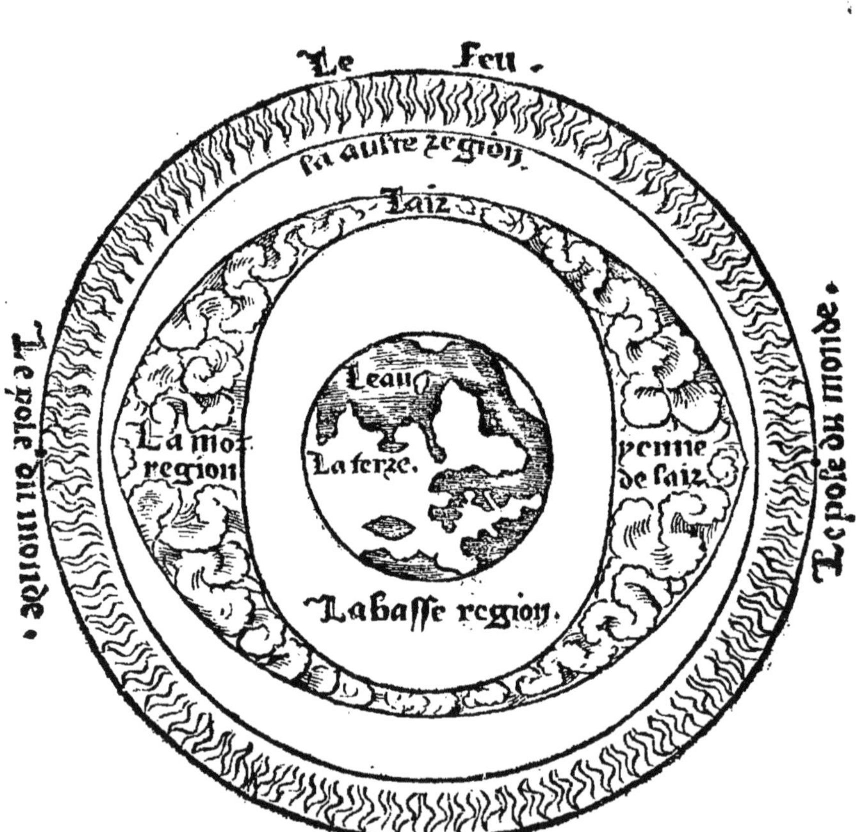

Tiercement il conuient noter, que autour & enuiron la region ou ſphere elementaire, eſt la celeſte region, enuironnant & circundant orbiculairement & rondement leſdits quatre elemens, claire, luiſante, & decoree de pluſieurs eſtoilles & de plus parfaicte nature que les deſſuſdits elemens, dont on la nomme la quinte eſſence.

Deſcriptiõ de la regiõ celeſte, auec la diuiſion de ſes orbes principaux

Et tout ainſi que la region elementaire eſt diuiſee en pluſieurs parties, auſſi la celeſte machine eſt ſeparee realement en pluſieurs ciels, & orbes particuliers: c'eſt à ſçauoir en ſept orbes deputez aux ſept planetes: & le firmament dit la huitieſme ſphere, où ſont les eſtoilles fixes. Et faut imaginer que ces huit orbes ſont vniformes, c'eſt à dire d'vne egale craſſitude, contigus l'vn à l'autre, & concentriques: c'eſt à dire ayans vn meſme centre auec le monde vniuerſel. Deſquels l'ordre eſt trouué eſtre tel comme s'enſuit. Le Ciel de la Lune eſt prochainement enuironnant l'element du Feu. Au deſſus du Ciel de la Lune, eſt celuy de Mercure: Puis le ciel de Venus: Au deſſus duquel eſt le ciel du Soleil. Puis celuy de Mars: Apres lequel eſt le ciel de Iupiter, & finablement le ciel de Saturne: au deſſus duquel eſt le Firmament, le plus grand de tous. Comme l'on peut aiſément comprendre par

Ordre & ſituation des orbes celeſtes.

la figure cy dessoubs produicte.

Finablement il faut noter, & experience ce demonstre, que les ciels dessusdicts ont deux principaux mouuemẽs: dõt l'vn est commun a tous les ciels,& l'element du Feu, & la plus haute region de L'air, tournant auec lesdicts ciels comme si ledit mouuement estoit vniuersel,propre,& commun a tout le monde. Lequel mouuement faict sa reuolution en vingt quatre heures egales, d'orient en occident, sur les deux poles du Monde, au long de l'equinoctial. Et des accidens de ce mouuement,qui est appellé diurnel(a cause qu'il faict sa reuolution en vn iour naturel) appartient traicter en la Cosmographie,ou traicté de l'esphere mondaine:comme nous auons faict, & doit estre presuposé deuant ce liure cy.

Mouuemẽt du ciel vniuersel, & premier.

Description & distinction des orbes celestes.

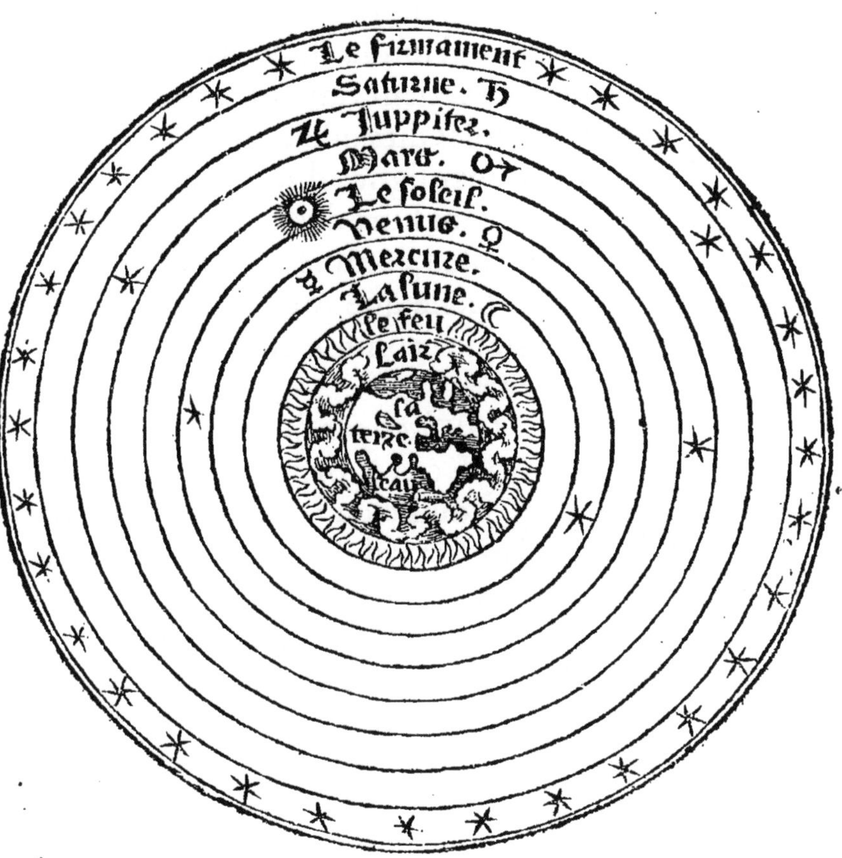

Mouuemēt du ciel second. Le second mouuement, est le mouuement particulier du firmament, & des sept Planetes, qui est diuers, & irregulier quant au centre du monde: & fait sa reuolution en diuerses espaces de temps, selon la diuersité des orbes, d'Occident en Orient, au contraire du premier, sur les poles du zodiac, au long & selon l'ordre des douze signes: duquel nous traicterons en ce present liure des Theoriques, commençans au Soleil, comme au plus digne planete, & plus facile que tous les autres, tant en sa Theorique, comme en la practique de son mouuement.

La Theorique du Soleil.

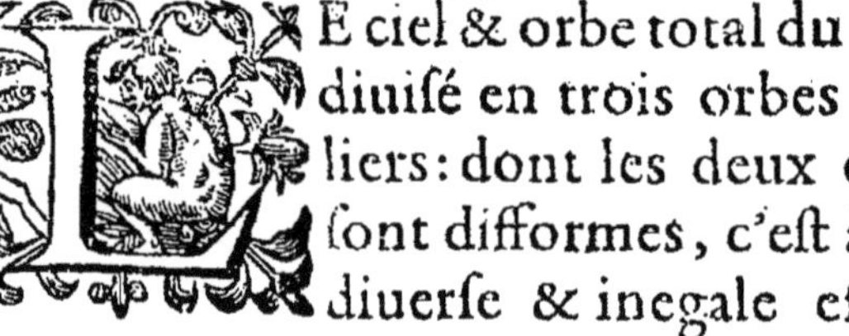

Descriptiō des orbes du Soleil. LE ciel & orbe total du Soleil est diuisé en trois orbes particuliers: dont les deux extremes sont difformes, c'est à dire de diuerse & inegale espoisseur. Lesquels sont tellement colloquez & situez, que la plus espoisse partie de l'vn, est droictement respondant à la plus estroicte de l'autre. Et sont appellez lesdits orbes ainsi difformes, les deux deferens de l'auge du Soleil: pour la cause que nous dirons cy apres. *Orbe deferent l'auge du Soleil.* Entre ces deux orbes est colloqué le tiers orbe totalement vniforme, c'est à dire d'vne mesme & egale crassitude à tout endroit: dedans laquelle craſſitude ou eſpoiſſeur eſt figé le corps du Soleil : dont ledit tiers orbe eſt appellé le deferent du Soleil : lequel eſt du tout eccentrique, tant au regard de la ſuperſice conuexe & ſuperieure d'iceluy, que de l'inferieure & concaue : c'eſt à dire, que tout ledit orbe a vn meſme centre, auec le centre vniuerſel de tout le monde. Mais les autres deux orbes difformes, ſont en partie concentriques, & en partie eccentriques : c'eſt que l'vne de leurs ſuperfices a pour ſon centre le centre du monde, & le centre de l'autre en eſt dehors. Car iceux trois orbes deſſuſdits ont deux centres : a cauſe que le ciel & orbe tatal du Soleil eſt concentrique du tout : c'eſt à dire ayant vn meſme centre auec le centre vniuerſel de tout le monde : dont il faut que la conuexe & ſuperieure ſuperfice du plus haut orbe difforme, & la concaue ou creuſe de l'inferieur ayent vn meſme centre auec tout le monde. Mais les autres deux ſuperfices interieurs, ſçauoir eſt la concaue de celuy d'enhaut, & la conuexe de celuy d'embas, auec les deux ſuperfices du moyen orbe vniforme ont vn autre centre, hors le centre du monde : lequel eſt appellé le centre du deferent, ou de l'orbe eccentrique du Soleil. Comme l'on peut comprendre par la figure ſuiuante, & prochaine demonſtration.

Orbe dict concentrique & eccentrique.

Le contre du monde commun à tout l'orbe du Soleil.

Theorique des orbes du Soleil & centres d'iceux.

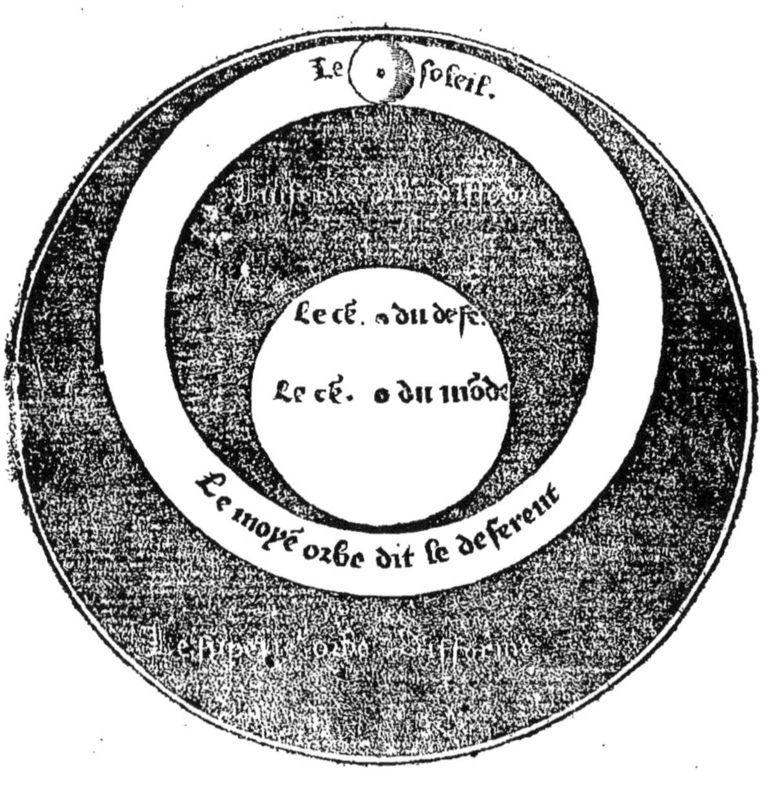

Cõsequẽment il faut entẽdre, que les deux orbes difformes ont vn mouuement tout conforme à celuy du firmamẽt ou des estoilles fixes, c'est à sçauoir d'Occident en Orient, faisant sa reuolution selon Ptolomee en trente six mil ans: & selõ Albategny en vingt trois mil, cent soixante ans: ou selõ les canons des tables du Roy Alfonse en quarante neuf mil ans. Quoy qu'il en soit le mouuemẽt desditz orbes difformes est du tout semblable à celuy des estoilles fixes. Et se faict ledict mouuement sur les poles, & axe, ou ligne diametrale de l'eclypticle: c'est à dire de la voye du Soleil: au long & regard de laquelle sont cõsiderez les mouuemens des cieux. Car l'eclyptique n'est autre chose, que la circunference qu'on imagine estre descripte par le bout de la ligne qui procede du centre du monde, par le centre du soleil iusques au firmament: & ce au propre mouuemẽt & complete reuolution du Soleil. Laquelle ligne descrit vn cercle diuisant tout le monde en deux moytiez esgales, que nous appellons le zodiac, duquel la circunference est dicte communement l'ecliptique: combien ce soit tout vn, le zodiac, & ladicte ecliptique. Laquelle decline de l'equinoctial en sa plus grande declination, qui est au milieu des deux intersections

Opiniõ du mouuemẽt des estoilles fixes.

Que c'est que l'eclyptique & Zodiaque.

de l'eclyptique, auec ledit equinoctial : selon la moderne obseruation par vingt trois degrez, & enuiron trente minutes: dont les poles de ladicte Eclyptique, & consequemmẽt ceux du mouuement des deux orbes dessusdicts declinent des poles du monde autant comme ladicte eclyptique de l'equinoctial. Et la pleine superfice qui passe par les plus grosses, & plus menuës parties des orbes dessusdits est partie de l'eclyptique. Et ont iceux orbes difformes en leur mouuemẽt telle proportion & conformité que la plus espoisse partie de l'vn ne se part iamais du long, & endroit de la plus estroicte de l'autre: mais sont en vne mesme superfice auec l'eclyptique, croissant orthogonalement : c'est à dire, à droicts angles l'axe diametral dessusdit, sur & enuiron lequel se faict ledit mouuement des deux orbes dessusdits: lequel croise l'axe de l'equinoctial au centre du monde. Audit mouuemẽt des deux orbes difformes est circumduict & porté le moyen orbe, dit l'eccentrique.

Distance des poles de l'eclyptique & des poles du monde.

Figure demonstrant les orbes & centres du Soleil.

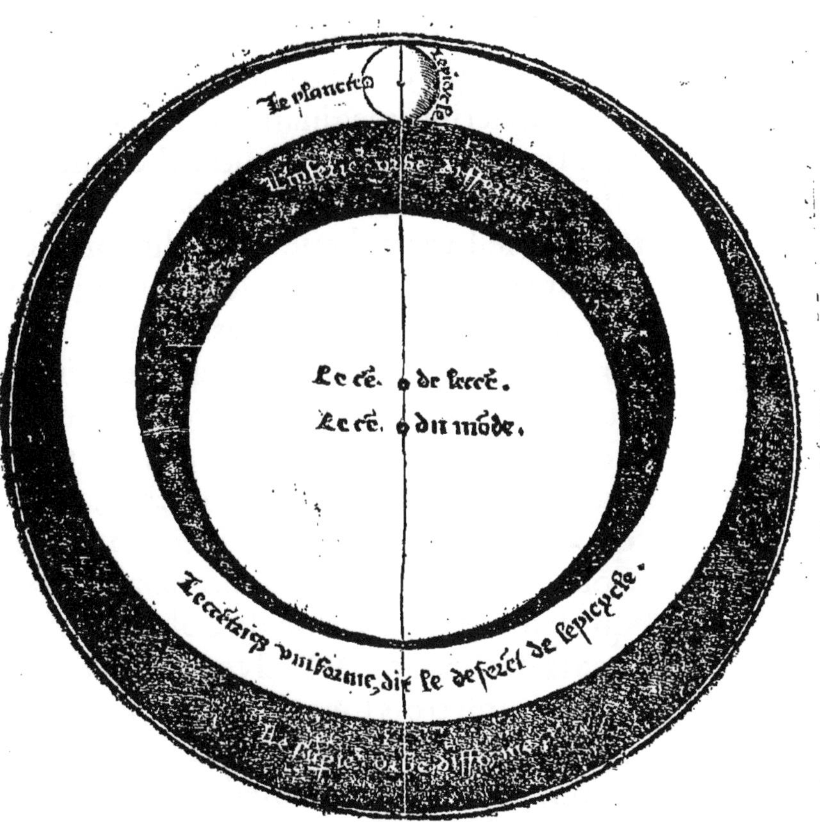

Mouuemēt de l'orbe vniforme portant le Soleil.

Le moyen orbe du tout eccētrique, appellé le deferent du Soleil, est regulieremēt circunduict enuiron son centre, tellement que le cētre du Soleil faict tous les iours naturels cinquante neuf minutes: & quasi huict secōdes d'vn degré de la circunference du cercle qui est descript imaginairement par la ligne qui procede du centre dudict orbe different, iusques au centre du Soleil: quand ledit centre du soleil a paracheué sa reuolution, d'Occident en Orient au long de l'eclyptique, selon l'ordre des douze signes. Lequel cercle ainsi descript, est appellé le cercle eccētrique du Soleil, & est celuy cercle eccentrique partie de l'eclyptique, ou zodiac, qui tant seulement decline du cercle Equinoctial, pour ce que le dessusdit orbe & cercle eccentrique du Soleil, decline dudict Equinoctial, en façon que selon la declination du Soleil, est ordonnée la declination de l'eclyptique, ou zodiac. Et par ainsi trois superfices circulaires: c'est à sçauoir, celle de l'eclyptique, la superfice du cercle eccētrique du Soleil, & celle qui passe par les plus larges, & plus estroictes parties des deux orbes difformes, sont en vne mesme plaine: en façō que l'vne est partie de l'autre comme nous auons dit.

Dont il s'ensuit que le diametral aye enuirō & ſur lequel l'eccentrique & deferent du Soleil faict ſon mouuement, eſt egalement diſtant de celuy de l'eclyptique & orbes difformes au Soleil, à cauſe de l'vnion deſdictes ſuperfices.

Corollaires & cōſequēces extraictes du precedent.

Il s'enſuit auſſi neceſſairement, que ledit axe du deferent & eccentrique du Soleil, au mouuement des deux difformes deſcript enuiron celuy de l'eclyptique vne ronde & columnaire ſuperfice. Et le centre dudict eccētrique autour du centre du monde & les poles d'iceluy, enuirō ceux de l'eclyptique vne circumference circulaire, ſelō la diſtance des centres deſſuſdits: à cauſe que tout le differēt eſt tranſporté au mouuement deſdicts difformes. Laquelle deſcription ſe peut aucunement comprendre par ceſte preſente figure, en imaginant le Soleil venir de C, au poinct D, & reuenir à C.

Demonstration de l'equidistance & mouuement du centre, axes & poles de l'eccentrique.

Outre plus il s'ensuit, que le centre du Soleil est irregulier en son mouuement, quant au centre du monde, ou au regard de l'eclyptique. C'est à dire qu'en interualles de tẽps egaux & semblables, il descript de ladicte eclyptique inegaux & dissemblables arcs: ou si vous voulez en passant & descriuãt egaux & semblables arcs de ladicte eclyptique, le Soleil est aucunesfois plus tardif, & aucunesfois plus veloce en sondit mouuement. Et ce à cause qu'il est regulier en son mouuement enuiron le centre & circumference de son eccentrique: dont il ne peut estre regulier sur le centre du monde, & enuiron la circumferẽce de l'eclyptique. Car il est impossible que vn orbe soit tourné au circunduict regulieremẽt sur deux diuers centres. L'exemple est euident par la suiuante figure, en laquelle A est le centre du monde, & B le centre du deferent l'eccentique. Car combien que le Soleil en descriuant les deux arcs de l'eccentrique CD, & EF, qui sont egaux: ne mette plus de temps en l'vn qu'en l'autre: toutesfois l'arc de l'ecclyptique GH, respondant à l'arc CD, est beaucoup moindre que l'arc IK, respondant audit arc EF: & ils sont toutesfois descripts en temps egaux. Et cecy prouient à cause que l'eccentrique DEFC, est

Du regulier & irregulier mouuemẽt du Soleil.

Demõstratiõ du precedent.

plus prochain de l'eclyptique vers G H, qu'il n'est à l'endroit opposite vers I K, dont les lignes A I, & A K, sont plus ouuertes, que ne sont A G, & A H, & comprenent plusgrand arc.

Demonstration de la regularité & irregularité du Soleil.

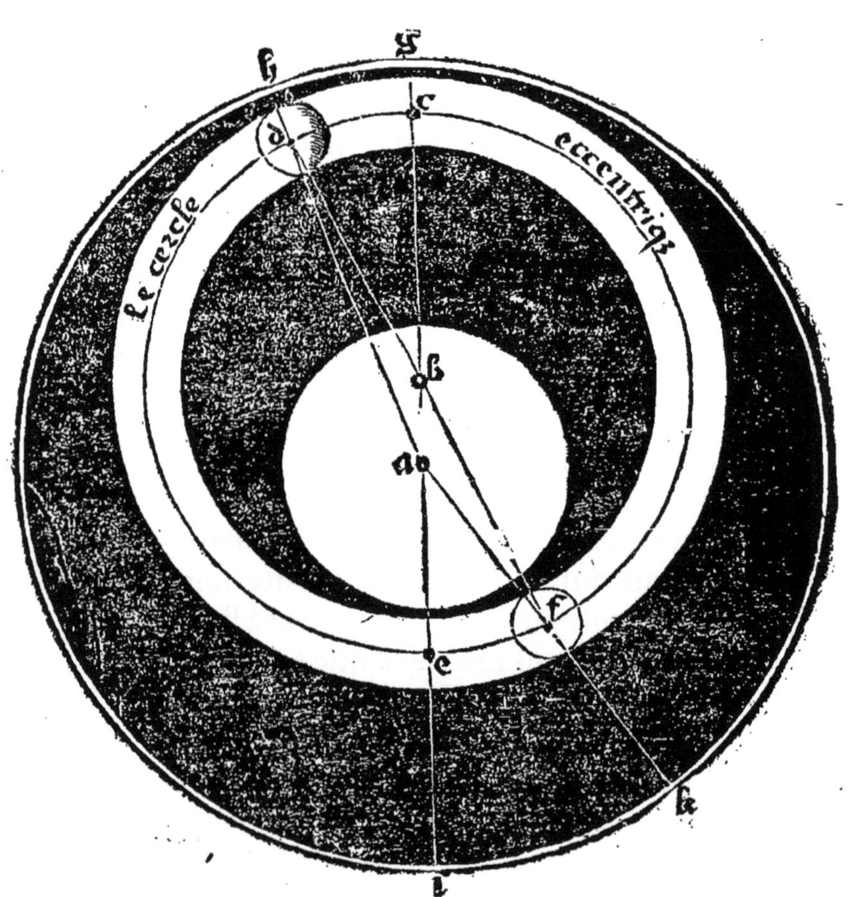

Reste venir aux termes necessaires à la calculation & practique du vray mouuement & cours du Soleil, selon le commun vsage des Astronomiens. Il faut doncques premierement entendre, que pource que l'eccentrique a son centre hors du centre du monde, que ledict eccentrique accede plus au firmament du costé dudit centre, que de l'autre. Parquoy la ligne diametrale dudit eccentrique passant par son propre centre, & par le centre du monde, comme est la ligne C E, de la figure suiuante, distingue en la circumference du cercle eccentrique deux poincts: dont l'vn est le plus loingtain du centre du monde, & est communement appellé l'auge, ou eleuation du Soleil: c'est à sçauoir le point qui denote la ligne ou partie du diametre dessusdit, procedant du centre du monde, par le centre dudit eccentrique. Laquelle ligne est dicte la plus longue longitude, ou la ligne de l'auge du Soleil. Comme represente la ligne A C, passant du centre du monde A, par le centre de l'eccentrique B, & denotant ledit point de l'auge C, en l'eccentrique C D E F, de ladicte figure. L'autre poinct opposite au dessusdit, qui est denoté par le residu de ladicte ligne diametrale vers la partie de l'eccentrique plus pro-

Des mots necessaires pour la supputation du Soleil.

Auge du Soleil.

Opposite de l'auge du Soleil.

chaine de l'eccentrique eſt le poinɛ̃t entre tous le plus prochain dudit centre du monde,& eſt appellé l'oppoſite de l'auge du Soleil: & ladiɛ̃te ligne eſt nommee la plus breue longitude comme demonſtre le point E, denoté par la ligne A E, oppoſite au poinɛ̃t C, & à la ligne A C. Et pource que les deux orbes difformes tournent le moyen eccentrique à leur mouuement, & conſequemment le centre dudit eccentrique, la deſſuſdiɛ̃te ligne de l'auge eſt quant & quant circunduiɛ̃te au mouuement des deux orbes deſſuſdiɛ̃tz. Dont l'arc de l'eclyptique comprins depuis le commencement du ſigne d'Aries, ſelon l'ordre des douze ſignes, iuſques à la ligne deſſuſdiɛ̃te, eſt appellé le mouuement de l'auge du Soleil, Comme eſt l'arc G H : lequel pluſieurs nomment l'auge du Soleil en ſa ſeconde ſignification ou acception. Et pour ceſte cauſe les deux difformes ſont appellez les deferens l'auge du Soleil, comme a eſté diɛ̃t au commencement de ceſte Theorique. Entre ces deux poinɛ̃tz de l'auge & de ſon oppoſite, il y a deux poinɛ̃tz tant ſeulement en ladiɛ̃te circunference de l'eccentrique egalement diſtans du centre du monde, dont l'vn eſt du coſté dextre, & l'autre du coſté ſeneſtre. Entre leſquels ceux qui diſtin-

Mouuemẽt de l'auge du Soleil.

guent la ligne droicte croisant à droictz angles la ligne de l'auge par le centre du monde, sont appellez les poincts des moyennes longitudes du Soleil. Et chacune moytié de ladicte ligne depuis le centre du monde, iusques à ladicte circunference de l'eccentrique, est dicte la moyenne longitude du Soleil. Et ce par moyen proportional. Car telle proportion a la ligne de l'auge, à chacune d'icelles, comme l'vne desdictes moyennes longitudes, a la plus breue longitude. L'exemple des choses dessusdictes peut estre prins des poincts D & F, & des lignes A D, & A F, de la figure qui s'ensuit.

Longitudes moyennes du Soleil.

Theorique & demonstration des mots & choses propres au mouuement du Soleil.

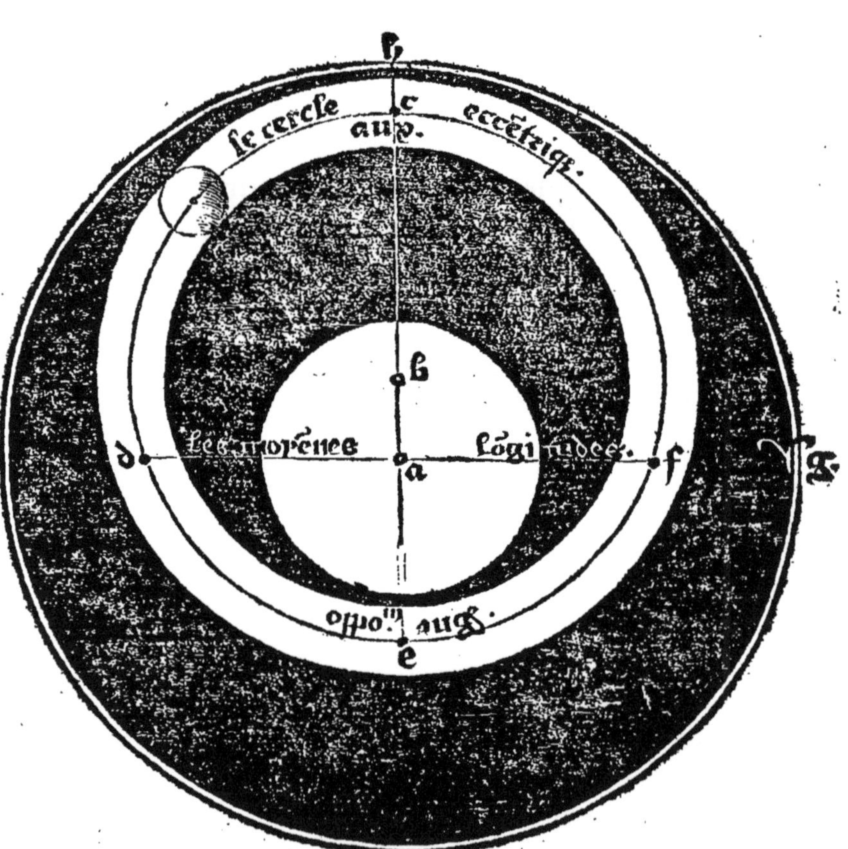

Secondement il est à noter que tous les mouuemens tant reguliers comme irreguliers, se doiuent referer au centre du monde. A ceste cause faut imaginer vne ligne procedant droictement du centre du monde (distant egalement tousiours de la ligne qui est produicte du centre de l'eccentrique iusques au centre du Soleil) laquelle sera appellee la ligne du moyen mouuement du Soleil, ainsi que represente la ligne A F, ou A G, de la suiuante figure, en laquelle le centre du monde est A, & de l'eccentrique B, l'eccentrique I K L M, & l'ecliptique C D F G. Et sera cestedicte ligne du moyen mouuement, en temps egaux autant de l'eclyptique, comme le centre du Soleil de son eccentrique. L'arc doncques de ladicte eclyptique depuis le commencement du signe d'Aries, iusques à ladicte ligne du moyen mouuement, selon l'ordre des douze signes, est appellé le moyen mouuement du Soleil, qui est moyen entre le plus veloce & plus tardif que puisse auoir le Soleil, & par le moyen duquel on vient à la cognoissance du vray. Comme est l'arc C D F, ou l'arc C F G, de la figure suiuante. Item l'arc de ladicte ecliptique, puis la ligne de l'auge du Soleil, iusques à la ligne du moyen mouuement, est

Tous mouuemens deuoir estre referez au centre du monde.

Moyen mouuemẽt du Soleil.

Argument du Soleil.

appellé l'argument du Soleil, comme l'arc D F, ou D F G. En façon que le moyen mouuement, comprend le mouuement de l'auge, & ledit argument du Soleil. La ligne qui procede du centre du monde par le centre du Soleil, iusques au firmament, est dicte la ligne du vray mouuement du Soleil, comme la ligne A K E, ou A M H. Et l'arc de ladicte eclyptique, puis le commencement d'Aries, selon l'ordre des douze signes, iusques à ladicte ligne, est le vray mouuement du Soleil. En exemple duquel est l'arc C D E, ou l'arc C F H, supposé tousiours que, C soit le commencement d'Aries. Item l'arc de l'eclyptique, comprins entre la ligne du moyen, & la ligne du vray mouuement, est nommé l'equation du Soleil. Ainsi que represente l'arc E F, ou l'arc G H, de la figure cy dessoubs representée.

Vray mouuement du Soleil.

Equation du Soleil.

Demonſtration des choſes qui reſtent pour le vray mouueme nt du Soleil.

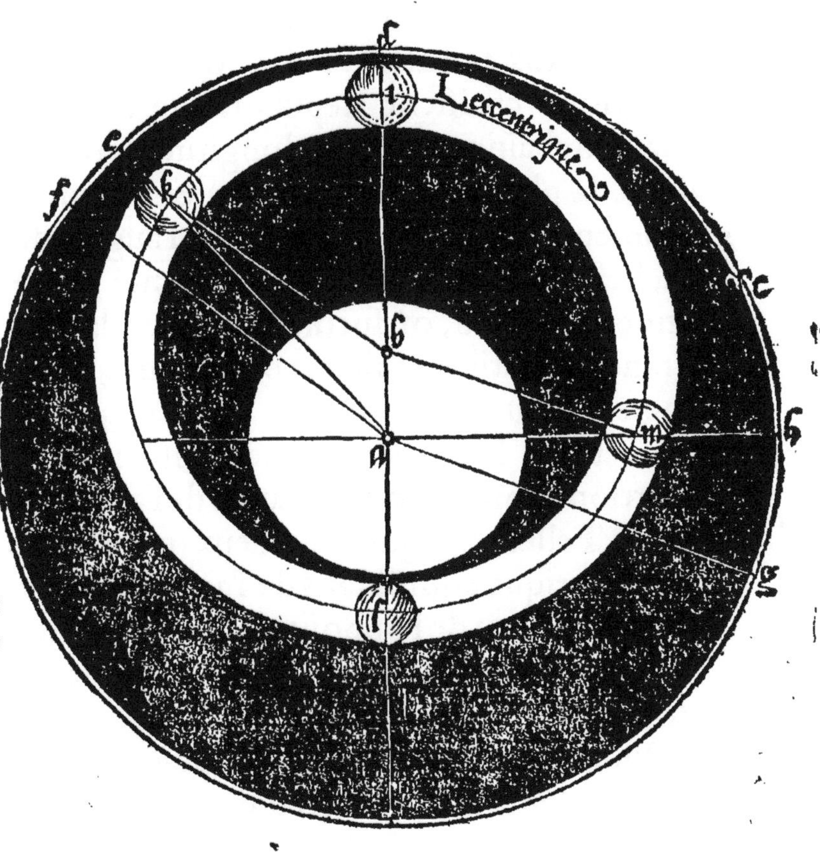

En quel lieu sont les plus grandes equations du Soleil.

Et faut entendre que la dessusdicte equation du Soleil est nulle, quand le Soleil est en l'auge, ou opposite dudit eccentrique. A cause que les lignes du moyen & vray mouuement sont ioinctes ensemble. Comme aux poinctz I & L. Mais lesdictes equations croissent depuis l'auge iusques à la prochaine moyenne longitude: où aduient la plusgrande equation, & puis descroissent iusques à l'opposite de l'auge, de rechef croissent iusques à la suiuante moyenne longitude, où suruient encores la plus grande equation egale à la precedente, comme est l'equation G H, le Soleil estant au poinct M. Finablement descroissent proportionalemēt iusques à l'auge de l'eccentrique. Tellement que aux deux poincts de l'eccentrique equidistans de l'auge dudit eccentrique, ou de l'opposite aduiennent mesmes ou egales equations, dont les tables ne sont calculees que pour demy cercle.

Equations egales du Soleil.

Argument du Soleil.

Finablement pour venir à la practique des choses dessusdictes, il est euident qu'en soubtrahāt le mouuemēt de l'auge du moyē mouuement du Soleil trouuez par les tables, qu'il demeure l'argument. Comme en ostant l'arc CD, de CDF, ou CFG, reste l'argument dessusdit DF, ou DFG: & ainsi des autres.

L'ar-

L'argument trouué, on entre auec iceluy aux tables des equations, pour trouuer l'equation propre & necessaire: Car lesdictes equations sont diuerses, selon la diuersité dudict argument, comme nous auons dict cy deuant. De rechef par le moyen de ladicte equation, on vient à la cognoissance du vray lieu & mouuement du Soleil: ainsi comme s'ensuit. Il faut doncques considerer la quantité dudit argumẽt: car si l'argumẽt est moindre de six signes communs: c'est à dire quand le Soleil est descendant de l'auge de l'eccentrique à son opposite, la ligne du moyẽ mouuement precede celle du vray, à cause que lors le centre du monde precede celuy de l'eccentrique, comme le Soleil estant au poinct K. Dont le moyen mouuement est plus grand que le vray. Parquoy il faut lors soubtraire l'equation du Soleil de son moyẽ mouuement: à celle fin que le vray mouuement demeure. Mais si ledit argument est plusgrand que de six signes, qui aduient quand le Soleil remonte de l'opposite de l'auge audit point de l'auge, lors la ligne du vray mouuement precede celle du moyen, à cause que le centre de l'eccentrique precede celuy du monde: parquoy le vray mouuement est plus grand que n'est le moyen.

Inuẽtiõ du vray lieu du Soleil.

Quand il fault soubtraire l'equation.

Quand il faut adiouster l'equation.

Il faut doncques lors adiouster ladicte equation au moyen mouuement, pour auoir le vray. Comme vous pouuez veoir l'exemple par la figure precedente, le Soleil estant premierement au poinct K, où il faut oster l'equation EF, du moyen mouuement CDF, pour auoir le vray CDE. Au contraire le Soleil estant au poinct M, il faut adiouster l'equation GH, au moyen mouuement CFG, pour auoir le vray CFH. Dont il s'ensuit que quand le Soleil est en l'auge I, ou en l'opposite L, que le moyen mouuement est egal au vray qui est quand l'argument est nul, ou six signes communs precisement. Et par ainsi par le moyen mouuement, & par le mouuement de l'auge, on a l'argument: & par ledict argument on prend l'equation, & par l'addition ou soubtraction d'icelle, on obtient le vray mouuement & lieu du Soleil. Comme clairement & oculairement appert en la precedente figure & demonstration. Qui sera fin de la Theorique du Soleil, familierement expliquee.

Conclusion & recollection du vray mouuement du Soleil.

La Theorique de la Lune.

POur entendre la diuersité & pra-ctique des mouuemens de la Lu-ne, il faut imaginer le ciel & orbe total de ladicte Lune, estre diuisé en quatre orbes particuliers, & vne petite sphere que nous appellons epicycle. Desquels orbes, les trois sont ainsi figurez comme ceux du Soleil, c'est à sçauoir les deux deferens du poinct de l'eccentrique (appellé aux) difformes, c'est à dire d'espoisseur inegale, tellement situez, que la plus estroicte partie de l'vn, respond tousiours à la plus large de l'autre. Entre lesquelz est vn orbe vniforme, appellé l'eccentrique, ou le deferent de l'epicycle de la Lune. En l'espoisseur duquel est situé ledict epicycle, separé toutesfois dudict eccentrique, & contigu à la concauité d'iceluy, ou est ledict epicycle. Lequel epicycle contient enuiron le bord de soy, le corps de la Lune. Au dessus de ces trois orbes, est vn orbe quatriesme vniforme, enuironnant tous les trois autres, au mouuement duquel (comme nous dirons cy apres) se mouuent les intersections de l'eclyptique, & du cercle eccentrique de la Lune: dont l'vne est appellée le chef, & l'autre la queuë du dracon. Et font ces

La diuision des orbes de la Lune.

Epicycle de la Lune auec ses orbes eccentriques & concentriques.

orbes dessusdicts vn orbe total vniforme & concentrique : c'est à dire ayant vn mesme centre auec le centre du monde. Car les deux superfices du quatriesme & la conuexe du difforme superieur, auec la concaue de l'inferieur, ont vn mesme centre, qui est le centre du monde. Mais il y a vn autre centre (comme au Soleil) qui s'appelle le centre de l'eccentrique, ou deferent l'epicycle de la Lune. Pource que le centre des deux superfices dudit deferent, où eccentrique de la Lune, & de la concaue superfice du difforme superieur, & conuexe de l'inferieur, contigues aux deux de celuy du milieu, est vn autre centre, hors le centre du monde, qui s'appelle proprement le centre de l'eccentrique de la Lune : comme demonstre la figure qui s'ensuit.

Centre eccentrique de la Lune.

Theorique & demonstration des orbes de la Lune, auec leurs centres.

Il faut conſequemment entendre, que la plaine ſuperfice, que deſcript la ligne, produicte par imagination du centre de l'eccentrique iuſques au centre de l'epicycle (qu'on appelle proprement le cercle eccentrique de la Lune) acomplie la totale reuolution dudit cẽtre de l'epicycle (laquelle ſuperfice eſt partie de celle qui paſſe par les plus eſtroictes, & plus larges parties des deux orbes difformes) diuiſe & interſeque la plaine ſuperfice de l'eclyptique, au long de la ligne diametrale, qui paſſe par le centre du monde, au trauers de ladicte eclyptique. Tellement que ladicte ſuperfice d'iceluy eccentrique, decline de la ſuperfice de l'eclyptique, vne partie d'icelle vers midy, & l'autre vers Septentrion. Dont l'interſection, par laquelle le centre de l'epicycle viẽt de midy à Septẽtrion, s'appelle chef du dracon, & l'oppoſite (par laquelle paſſant le centre dudict epicycle, va de Septentrion à midy) eſt nommée queuë du dracon. Et la plus grande declination deſdictes ſuperfices (qui touſiours eſt au poinct du milieu, entre leſdictes ſections) eſt inuariablement de cinq degrez, & s'appelle proprẽmẽt latitude. Tellement que la latitude de la Lune n'eſt autre choſe que l'arc du grand cercle, qui paſſe par les poles de l'eclyptique, comprins entre leſ-

Cercle eccentrique de la Lune.

Chef & queue du Dracon Lunaire.

Latitude de la Lune.

dictes superfices du cercle de l'eclyptique, & de l'eccentrique de la Lune. Comme lon peut aucunement veoir par la figure suiuãte.

Demonstration oculaire du chef & queue du dracon Lunaire, comme aussi de la latitude de la Lune.

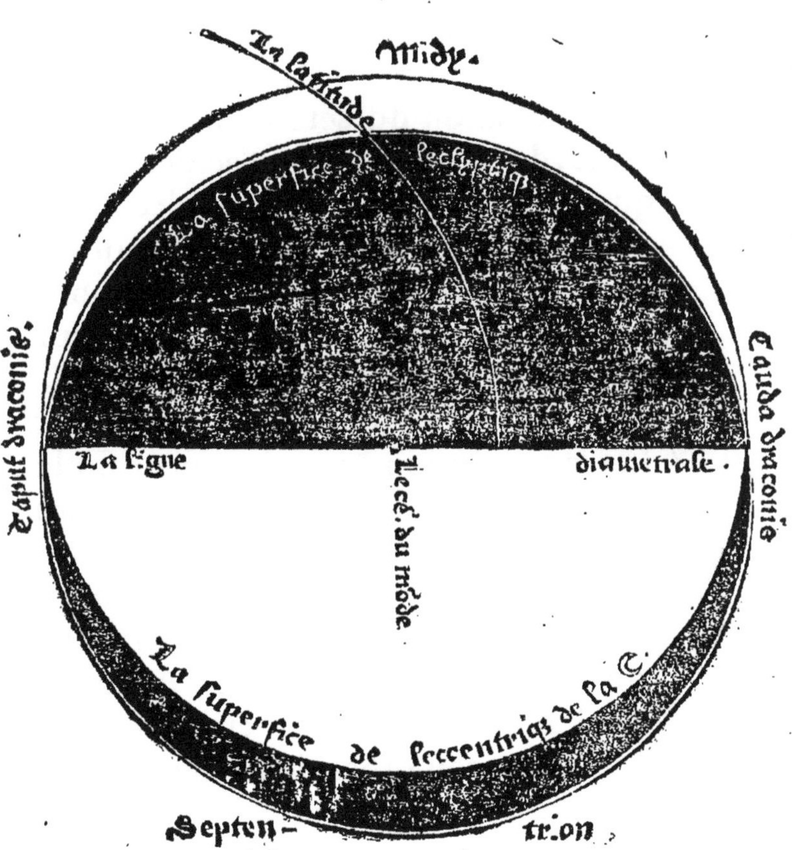

Du mutuel entrecouppemét des diametres & axes Lunaires.

Il faut doncques necessairement que le diametre des deux orbes difformes diuise le diametre de l'eclyptique au centre du monde: comme le diametre de ladicte eclyptique diuise celuy de l'equinoctial audict centre tellement que tous trois s'entrecouppent. Et s'ensuit aussi que les poles desdicts orbes difformes, declinent autant des poles de l'eclyptique, comme est la plus grande latitude où declination du cercle eccentrique de la Lune, de la superfice de l'eclyptique : ainsi que les poles de l'eclyptique declinent des poles de l'equinoctial, selon la plusgrande declination du Soleil. Le tout sera manifeste & euident par la figure qui ensuiura cy apres.

Mouuemét du chef & queue du Dracon Lunaire.

Le quatriesme orbe vniforme & superieur fait sa reuolution & mouuement sur le diametre & poles de l'eclyptique, enuiron le centre du monde, d'Orient en Occident, faisant tous les iours naturelz, outre les vingtquatre heures du mouuement diurnel, enuiron trois minutes. Auecques lequel mouuement sont circunduictz tous les autres trois orbes de la Lune. Dont lesdictes intersections apellées chef & queuë du dracon, ensuiuent ledit mouuement, & changent de lieu en ladicte eclyptique pareillement de trois en trois minutes ou enuiron vers Occident par chacun iour: dont ledit orbe s'appelle vulgairement le porteur du chef & queuë du dragon de ladicte Lune. De ce que ensuit (à cause dudict mouuemẽt) que les poles des deux orbes difformes tournent continuellement à l'entour des poles de l'eclyptique, & descriuent circulaires reuolutions (dont le semidiametre est de cinq degrez) tout ainsi qu'on imagine les poles de l'eclyptique, descrire les cercles arctique & antarctique, enuiron les poles du monde, Comme l'on peut facilement imaginer par la figure suiuante.

Du tournoi nẽt des poles des orbes difformes de la Lune.

Demonstration des diametres & axes lunaires.

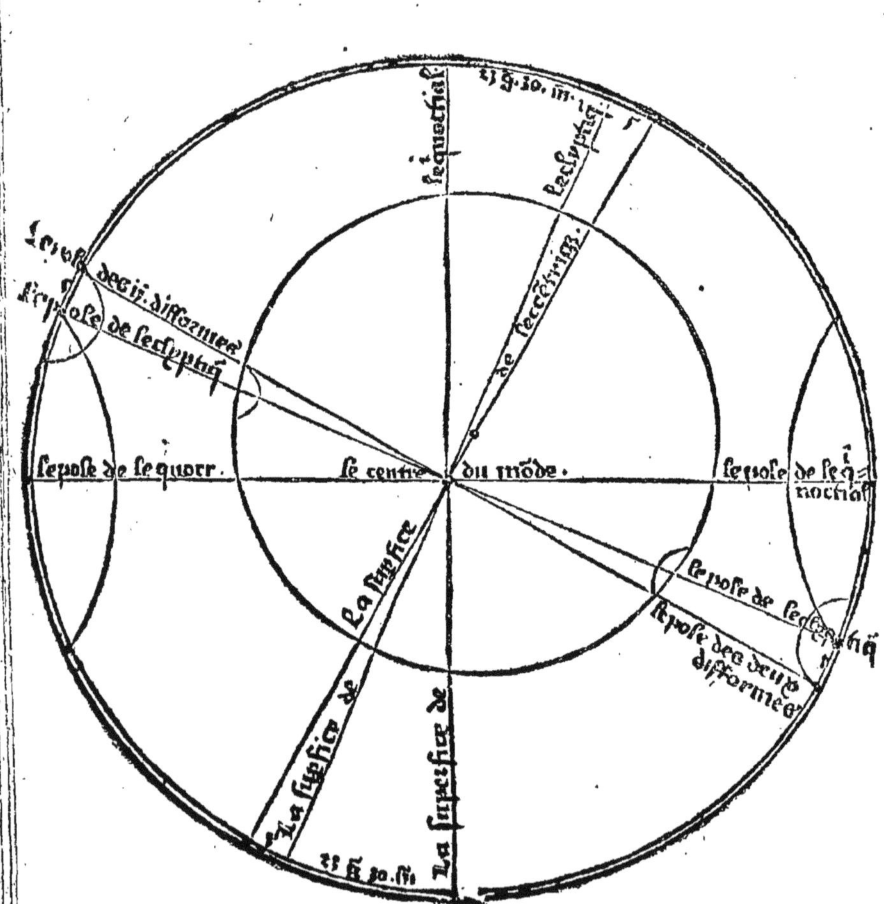

Il faut conſequemment noter que le point du cercle eccentrique de la Lune, denoté par la ligne droicte procedant du cẽtre du monde, par le centre de l'eccentrique, iuſques à la circũference dudit eccentrique, qui eſt plus eleué & lointain du centre du monde que tous les autres, eſt appellé Aux, ou eleuation. Et l'oppoſite s'appelle l'oppoſite dudict aux: c'eſt à dire le poinct diametralement oppoſite à l'eleuatiõ, qui eſt le plus prochain du centre du monde. Et la ligne trauerſant orthogonalement, c'eſt à dire à droicts angles, paſſant par le centre du monde, demonſtre en ladicte circunference, les deux poincts, l'vn deça, & l'autre dela des moyennes longitudes. Tout ainſi cõme nous auons dit du Soleil, & ceſte figure demonſtre.

Aux Lunaire & sõ oppoſite.

Longitudes moiennes.

Demonstration du mouuement du chef & queue du Dragon lunaire.

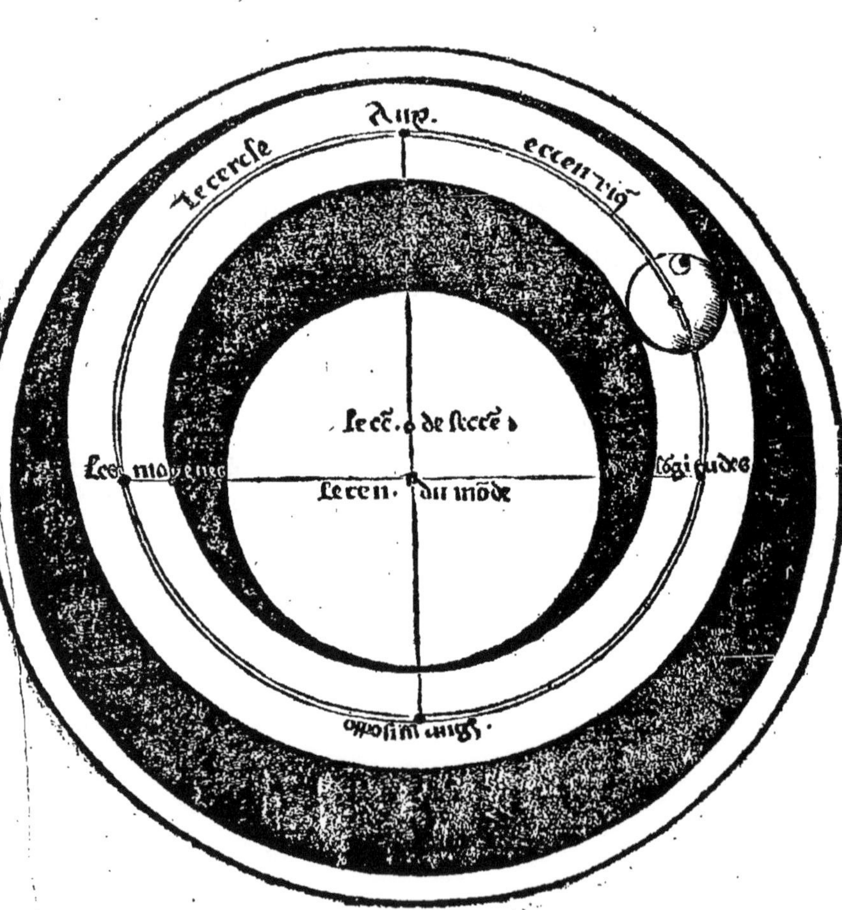

Mouuemẽt des deux orbes difformes.

Cecy noté il faut entendre que les deux orbes difformes font leur mouuemẽt regulier d'Orient en Occident: enuiron le centre du monde, & à l'ẽtour de leur diametre & propres poles, declinans (comme a esté dit) des poles de l'eclyptique par cinq degrez, faisans tous les iours naturels, outre le mouuement diurnel de vint quatre heures, vnze degrez, & quasi douze minutes.

Tournoiment du centre, axes & poles de l'eclyptique

Dont il ensuit premierement, que au mouuement desdicts orbes difformes, le centre, & diametre auec les poles de l'eccentrique, sont regulierement circunduicts enuiron le centre, diametre, & poles d'iceux orbes difformes, en descriuant pareillement d'Orient en Occident (c'est à dire contre l'ordre des signes) orbiculaires circumductions: selon la distance qui est entre le cẽtre du monde (qui est le centre desdicts orbes difformes) & le centre dudict eccentrique. A cause que au mouuement desdictes orbes difformes, le moyen eccentrique est meu, & pareillement circunduict comme aussi le cercle eccentrique, auec son centre, & consequemment le diametre & les poles: car au mouuemẽt d'vn orbe total, se meuuent toutes ses parties.

Secõdement il ensuit que le poinct de l'auge, ou eleuation de l'eccentrique, pareille-

Du mouuement & variation de l'auge.

ment soit meu: & regulierement circunduict contre l'ordre des signes d'Orient en Occidēt en passant: & circuiant l'eclyptique. Tellement que ladicte auge ou eleuatiō est aucunesfois en la supefice de l'eclyptique, & le plus souuent dehors vers Septentrion, ou Mydi. Et autant en faut entendre du centre dudit eccentrique, pour ce qu'il est en vne mesme ligne droicte, procedant du centre du monde: & aussi que l'eccentrique decline de l'eclyptique, & les poles desdicts orbes difformes des poles de ladicte eclyptique: comme souuent a esté dict.

De l'intersection de l'eccentrique & eclíptique.

Item il ensuit, que la superfice de l'eclyptique ne diuise point tousiours la superfice du cercle eccentrique de la Lune esgalement. Fors seulement quād le centre & la plus lointaine eleuation de l'eccentrique (que nous appellons aux) sont en la ligne diametrale de la commune section & diuision desdictes superfices. Car en la partie de l'eccētrique ayāt aucune latitude, ou declināt de l'eclyptique, ou est ledit point de l'auge ou eleuation, & consequemment le centre dudit eccentrique, est tousiours la plusgrande portion dudict cercle eccentrique de la Lune. A cause que ladicte ligne diametrale ne passe point alors par le centre dudit eccentrique: dont elle le diuise inegalement, laissant tousiours la plusgrande partie vers le centre : qui faict que pour les accidens dessusdicts, iceux orbes difformes sont communement appellez les deferens de l'auge, ou eleuation de l'eccentrique de la Lune.

Mouuemẽt du cercle deferent ou portant l'epicycle de la Lune.

Le moyen orbe appellé l'eccentrique, ou deferent l'epicycle de la Lune a son mouuement d'Occident en Orient, selõ l'ordre des douze signes, à l'entour de son centre, diametre, & propres poles (equidistans du centre, diametre, & poles des deux orbes difformes, selon la distance de leurs centres) en telle façon & maniere que le cẽtre de l'epicycle faict tous les iours regulierement enuiron le centre du monde treze degrez & quasi vnze minutes, Ce que tu pourras mieux comprendre par ceste figure, en imaginant les mouuemẽs estre faicts selon le long de leurs plaines superfices.

Demonstration & figure des choses precedentes.

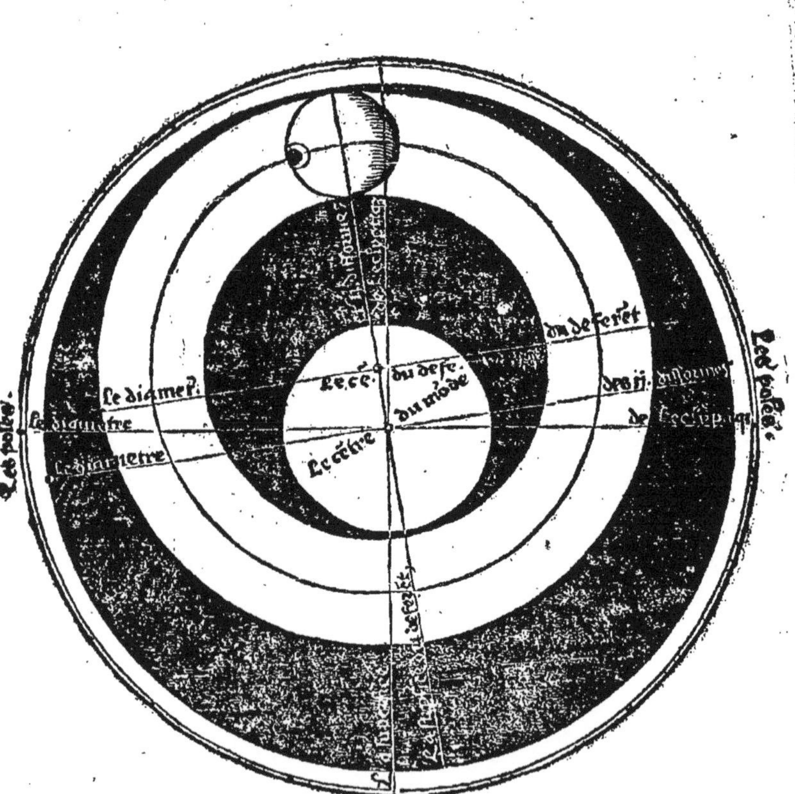

Doncques il s'ensuit que nonobstant que l'eccetrique, ou deferent l'epicycle de la Lune, soit meu & circunduict sur & enuirõ son propre centre, diametre ; & poles: il est toutesfois sur & enuiron iceux irregulier, quant à sondict propre mouuement, au contraire du Soleil. Pource que ledit eccentrique est regulier enuiron le centre du monde (comme nous auõs dit) & iamais vn orbe ou Sphere ne peut estre regulier en son mouuement propre sur deux centres diuers.

De l'irregularité de l'eccentrique enuirõ son propre centre.

Il s'ensuit pareillement que d'autant que l'epicycle de la Lune est plus prochain de l'auge, ou eleuation de son deferent ou eccentrique: d'autant plus son centre est velocement ou vistement circunduict. Et tant plus prochain est ledit epicycle de l'opposite de l'auge (c'est à dire du poinct plus prochain du centre du monde) tant plus est le centre dudict epicycle tardif en son mouuement enuiron le cẽtre de son deferẽt ou eccentrique. Ainsi que l'on peut, par ceste figure suiuant deduire facilement par les deux angles egaux faicts au centre du monde, l'vn vers l'auge, ou eleuation de l'eccentrique: & autre vers son opposite. Car celuy qui est vers ladicte eleuatiõ, comprend plusgrand arc de la circunference de l'eccentrique, que celuy qui est vers son

De la velocité & tardité du cẽtre de l'epicycle en son eccetrique.

opposite, nonobstant qu'ils soient descripts par le centre de l'epicycle en interualle des temps egaux.

Demonstration des choses cy dessus escriptes.

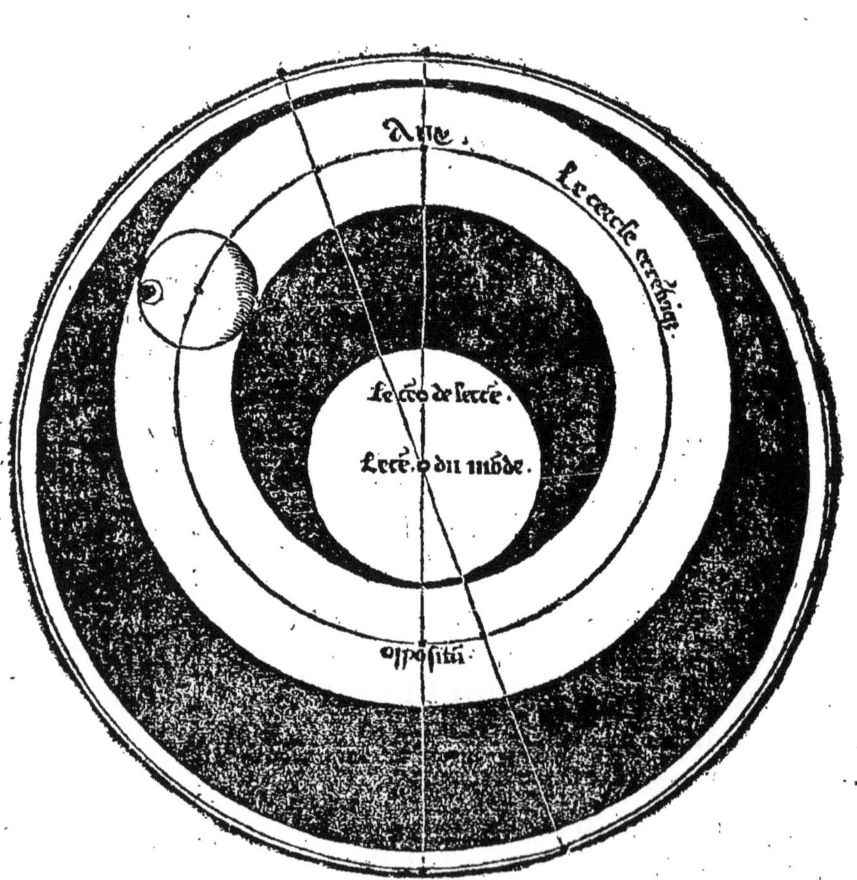

La Lune doncques (ainsi que le Soleil) a deux mouuemẽs referez au centre du monde, le moyen & le vray.

Ligne du moyẽ mouuement de la Lune.

La ligne du moyen mouuement de la Lune, est celle qu'on produict par imagination, du centre du monde, par le centre de l'epicycle, iusques au zodiac, Comme la ligne A D, de la figure qui s'ensuit.

Moyen mouuemẽt de la lune.

Le moyen mouuement de la Lune est l'arc de l'eclyptique, selõ l'ordre des douze signes, depuis le commencement du signe d'Aries, iusques à la ligne du moyen mouuement. Comme l'arc B C D, supposé que B, soit le commencement dudict Aries.

Ligne du Vray mouuement.

La ligne du vray mouuement de la Lune, est celle qu'on imagine produicte, du centre du monde, par le centre du corps de ladicte Lune, iusques au zodiac. Ainsi que represente la ligne A E, de ladicte figure.

Vray mouuement de lune.

Le vray mouuement de la Lune, est l'arc de l'eclyptique, comprins depuis le commencement du signe d'Aries, iusques à la ligne du vray mouuemẽt, selon la succession des douze signes. Comme l'arc B C E.

Centre de la lune.

L'arc de ladicte eclyptique, entre le poinct de l'auge ou eleuation de l'eccentrique, & la ligne du moyen mouuement, selon l'ordre des signes, est appellé le centre de la Lune.

Comme l'arc C D, ce que nous appelliõs Argument au Soleil.

Moyenne elongation du Soleil & Lune.

L'arc outre plus, & interualle de l'eclyptique selon l'ordre des douze signes, comprins entre la ligne du moyen mouuement du Soleil, & la ligne du moyen mouuement de la Lune, est appellé la moyenne elongation du Soleil & de la Lune. Comme est l'arc F D, de la figure precedente, supposé que A F, soit la ligne du moyen mouuement du Soleil.

Demonstration des lignes des moyens & vrais mouuements de la Lune.

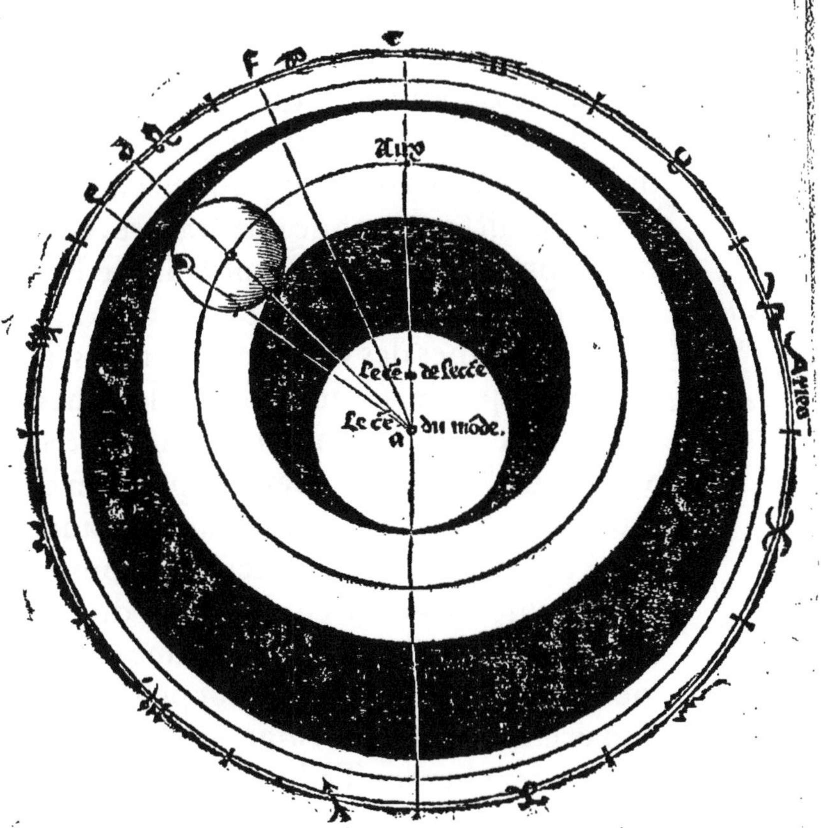

Moyenne coniunctiõ & opposition et quadrature du Soleil & Lune.

Faut noter que quand les lignes du moyen mouuemẽt du Soleil & de la Lune sont en vn mesme poinct selon la longitude du zodiac, on appelle cela moyenne cõiunction du Soleil & de la Lune. Et quand l'vne desdictes lignes est diametralement opposite à l'autre moyenne opposition : Ou si lesdictes lignes sont distantes par nonante degrez, c'est à sçauoir par vn quart de l'eclyptique: celle disposition est dicte moyenne quadrature, ce que nous appellons le quartier de la Lune. Et si la relation desdis interualles, & dispositions, est faicte des lignes des vrays mouuemens, tant du Soleil que de la Lune : alors il les faut nõmer vraye elongation, vraye coniunction, vraye quadrature, ou vraye opposition de la Lune & du Soleil Et ainsi des autres planetes.

Vraye coniunctiõ, oppesition et quadrature du Soleil et Lune.

Mois lunaire.

Le temps donques & interualle, comprins depuis vne moyenne coniunction du Soleil & de la Lune iusques à la prochaine & moyẽne coniunction suiuante, est appellé vn mois lunaire. Et comprend vingt neuf iours & enuiron treze heures. Tellemẽt que depuis vne moyenne coniunction iusques à la prochaine moyenne oppositiõ du Soleil & de la Lune, y a quatorze iours, dixhuict heures, & vingt deux minutes. Et depuis vne moyenne coniunction ou opposition, iusques à la prochaine & moyenne quadrature ſept iours, neuf heures, & vnze minutes.

Cecy premis, il faut entendre & ſuppoſer, ainſi qu'on a trouué par obſeruation que les deſſuſdits orbes de la Lune ont telle colligãce, ou raiſon, quant à leur mouuement, au mouuement des orbes du Soleil, que toutes & quantes fois qu'il eſt moyenne coniunctiõ du Soleil & de la Lune, le centre de l'epicycle de ladicte Lune, eſt en l'auge ou eleuation de ſon deferent eccentrique.

Conuenance du mouuement des orbes du Soleil, à ceux de la Lune.

Dont il faut que le centre de l'epicycle de la Lune, & la ligne du moyen mouuement du Soleil, & la ligne de l'auge, ou du poinct de l'eleuation de l'eccentrique, ſoient en vn meſme poinct ſelon la longitude du zodiac. Et en tout autre temps, hors de ladicte coniunction, la ligne du moyen mouuement du Soleil, ſoit entre l'auge de l'eccentrique de la Lune, & la ligne du moyen mouuement, & centre de l'epicycle de la Lune, autant diſtant de l'vn comme de l'autre. Comme tu peuz groſſement comprendre par la figure qui s'enſuit. Suppoſé que ladicte moyenne coniunction du Soleil & de Lune, ſoit en la ligne de l'auge A B, & ledictes trois lignes enſemble, la ligne du moyen mouuement du Soleil ira vers Orient iuſques au

Exemple de ce qui a eſté dict fort propre.

poinct C, faisant vn degré, & le centre de l'epicycle semblablement vers Orient iusques à D, faisant treze degrez, & la ligne de l'auge vers Occident iusques à E, faisant vnze degrez, & tout ce en vn mesme iour. Parquoy l'arc B C, d'vn degré, adiousté à l'arc A E, de vnze degrez, faict douze degrez. Et ledit degré B C, osté de B D, qui est treze degrez, restent pareillement douze. Ainsi fault entendre du mouuement de deux, trois, ou quatre, ou plusieurs iours.

Demonstration de la conuenance du mouuement des orbes du Soleil & de la Lune.

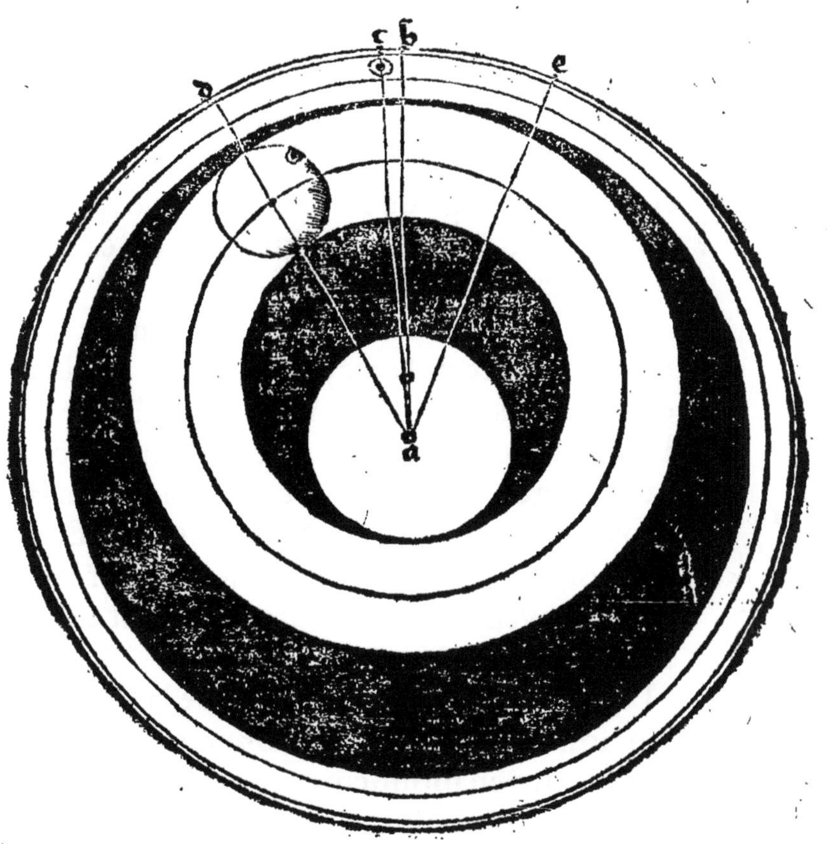

Lieu de la Lune aux moyennes quadratures & oppositions.

Parquoy il faut consequemment qu'en toutes les moyennes quadratures, la Lune soit en l'opposite de son auge,& en toutes les oppositions moyennes: de rechef audit auge ou eleuatiõ. Pource que la ligne du moyẽ mouuement du Soleil, par la premiere suppositiõ, & precedent corolaire, est autant distan:e de la ligne du moyen mouuement de la Lune, comme de l'auge de son eccentrique, par la diffinition des moyennes quadratures & oppositions.

Du centre de l'epicycle de la Lune.

Il est de rechef euident, qu'en vn mois lunaire, le centre de l'epicycle de la Lune passe deux fois les deux orbes difformes, deferens l'auge de l'eccentrique. Car il est deux fois audit auge ou eleuation: c'est à sçauoir en la moyenne coniunction & opposition. Et à l'opposite deux fois aussi, c'est à sçauoir aux deux moyennes quadratures qui sont audit mois Lunaire.

Pour auoir dõcques le centre de la Lune, il faut soubtraire le moyen mouuement du Soleil, du moyen mouuement de la Lune, & restera la moyẽne elongatiõ d'iceux: laquelle il faut doubler,& le nombre cõposé sera le centre de la Lune. A cause que les deux interualles (comme a esté demonstré) sont egaux. Tu peux prendre l'exemple en la figure deuant la precedente proposee: car en soubtrayant le moyen mouuement du Soleil BCF, de celuy de la Lune BCD, il reste la moyenne elongation du Soleil & de la Lune FD, laquelle doublee composera le centre de la Lune CD. pource que CF, est egal à FD.

Exemple du propos precedent.

Le mouuement de l'epicycle est tel, que le centre de la Lune est circunduit & meu circulairement, enuiron & au tour du centre de l'epicycle, contre l'ordre des douze signes, quant à la partie superieure dudit epicycle: & quant à l'inferieure, au contraire: c'est à sçauoir d'occident en orient: Pource que tout corps spherique qui est hors du centre du monde (comme sont les epicycles) a necessairement deux positions ou termes de mouuement contraires. Par la partie superieure de l'epicycle, il faut entendre celle qui est comprise au plus haut, par deux lignes produictes du centre du monde, & ioignantes ou touchantes ledit epicycle. Comme est la partie BCD, de la suiuante figure Et par l'inferieure partie dudit epicycle, celle qui est la plus prochaine du centre du monde, separée de la superieure par lesdictes lignes, comme DEB. La Lune donc fait son mouuement enuiron F, le centre de l'epicycle, par la partie superieure

Du mouuement de l'epicycle de la Lune.

Partie superieure de l'epicycle.

Partie inferieure.

BCD, de B, par C, iusques à D, faisant au zodiac l'arc G H I, d'orient en occident. Et par l'inferieure du poinct D, par E, de rechef au poinct B, faisant au zodiac selon l'ordre des signes l'arc I H G, entens tousiours par la ligne de son vray mouuement. Tellement que la ligne FB, procedant du centre dudit epicycle par le centre de la Lune, au mouuement & complete reuolution dudit epicycle, descript vne plaine superfice (comme est BCDE) laquelle est droictement située auec la superfice de l'eccentrique. En façon que l'inferieure partie de ladicte superfice de l'epicycle, est partie de celle de l'eccentrique. Et le diametre enuiron lequel se fait le mouuement de l'epicycle, croise à droictz angles ladicte superfice de l'eccentrique.

Plain superfice de l'epicycle, auec son diametre.

Demonſtration du mouuement de l'epicycle Lunaire, & de ſes parties.

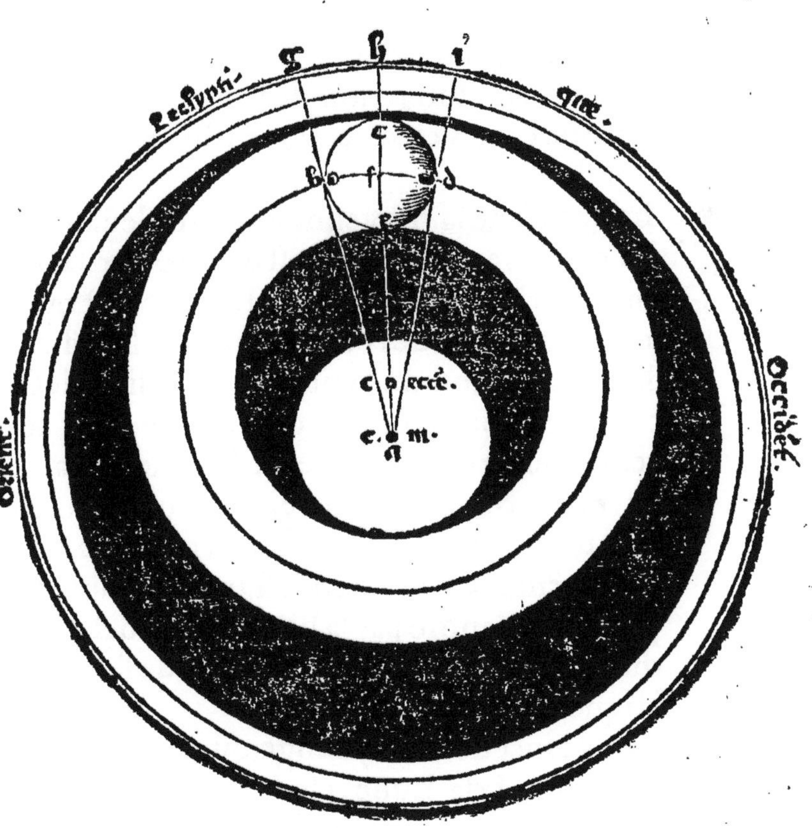

Autant que venir à la quantité,& accidens du mouuement dudit epicycle, il faut premierement noter,qu'il y a deux poincts en la circunference de la plaine superfice dudit epicycle: dont l'vn est appellé Auge moyenne,& l'autre auge vraye: c'est à dire moyenne & vraye elongation de ladicte circunference de l'epicycle, au regard du centre du monde.

Auge moienne de l'epicycle lunaire.

Le poinct de la moyenne auge ou eleuation de l'epicycle de la Lune est denoté par la ligne droicte, qui est produicte du poinct opposite au centre de l'eccentrique, c'est à dire de l'intersection du petit cercle, qui est descript enuiron le centre du monde, par le centre dudit eccentrique: & la ligne de l'auge, & son opposite dudit eccentrique, par le centre de l'epicycle, iusques en ladicte circunference. Comme en la figure suiuante le poinct D, denoté par la ligne AD, procedant du poinct A, opposite au centre de l'eccentrique C.

Auge vraie dudit epicycle.

Le poinct de la vraye auge, ou eleuation de l'epicycle de la Lune, est denoté par la ligne du moyen mouuement de la Lune, qui vient du centre du monde, par le centre de l'epicycle. Comme est le poinct E, denoté par la ligne BE, de ladicte figure qui s'ensuit.

La difference qui eſt entre ces deux poinĉts de la moyenne & vraye auge, ou eleuation dudit epicycle, ſelon l'ordre du mouuement de la Lune: c'eſt à dire l'arc ainſi comprins entre leſdiĉts poinĉts, eſt appellé l'equation du centre. Comme l'arc D E: pource que ladiĉte equation croiſt & deſcroiſt, ſelon l'augmentation & variation dudit centre.

Equation du centre en la Lune.

Mais il faut noter que toutes & quantesfois que le centre de l'epicycle eſt en l'auge de l'eccentrique (comme au poinĉt H) ou en ſō oppoſite (comme au poinĉt I) lors pour la coniunĉtion & vnion deſdiĉtes lignes A D, & B E, auec la ligne de l'auge de l'eccentrique A B I, leſdiĉts poinĉts de la moyenne & vraye auge de l'epicycle ſont enſemble. Parquoy l'equation du centre eſt nulle. Mais vn peu deſſoubz les moyennes longitudes: c'eſt à ſçauoir aux poinĉtz de la circunference de l'eccentrique, qui ſont denotez par la ligne tranſuerſale paſſant par le poinĉt oppoſite au centre de l'eccentrique, equidiſtant de la ligne des moyennes longitudes, aduient la pluſgrande equation du centre qui puiſſe eſtre. Comme eſt D E, en la ſituation de l'epicycle, ſoubz la moyenne longitude F, de ladiĉte ſuiuante figure.

En quel lieu nulle equation de centre.

En quel lieu grande equation du centre lunaire.

De la variation & diuersité des deux auges de l'epicycle.

Il s'ensuit donc que toutes & quantesfois que le centre de l'epicycle est en l'auge, ou son opposite du deferent eccentrique, que les poincts de la moyenne & vraye auge de l'epicycle sont soubs vn mesme poinct de la concauité dudict eccentrique, ou est l'epicycle c'est à sçauoir soubs le poinct K, qui est denoté par la ligne produicte du centre de l'eccentrique, par le centre de l'epicycle : comme est CK. A cause de la coniunction de ladicte ligne auec celle de la moyenne & vraye auge de l'epicycle. Mais le centre de l'epicycle estant hors des poincts de ladicte auge, & son opposite dudit eccentrique, en quelque lieu que ce soit, lesdicts poincts de la moyenne & vraye auge de l'epicycle sont separez, & soubs autres poincts de ladicte concauité. Tellement que ladicte moyenne & vraye auge de l'epicycle se varient, & changent continuellement de lieu: pource que lesdictes lignes se croisent au centre de l'epicycle: c'est à sçauoir les lignes de la moyenne & vraye auge de l'epicycle, & celle que denote ledit poinct de la concauité. Et tout ainsi que le centre du monde est tousiours entre le centre de l'eccentrique, & le poinct opposite du petit cercle, ainsi quand lesdictes auges de l'epicycle ne sont ensemble, la vraye est

Ordre des auges de l'epicycle lunaire.

tousiours

touſiours entre la moyenne, & le poinct ds ladicte concauité: ou ils ſont enſemble en l'auge, ou oppoſite de l'eccentrique.

Demonſtration des Auges de l'epicycle Lunaire, & de l'equation du centre & argument.

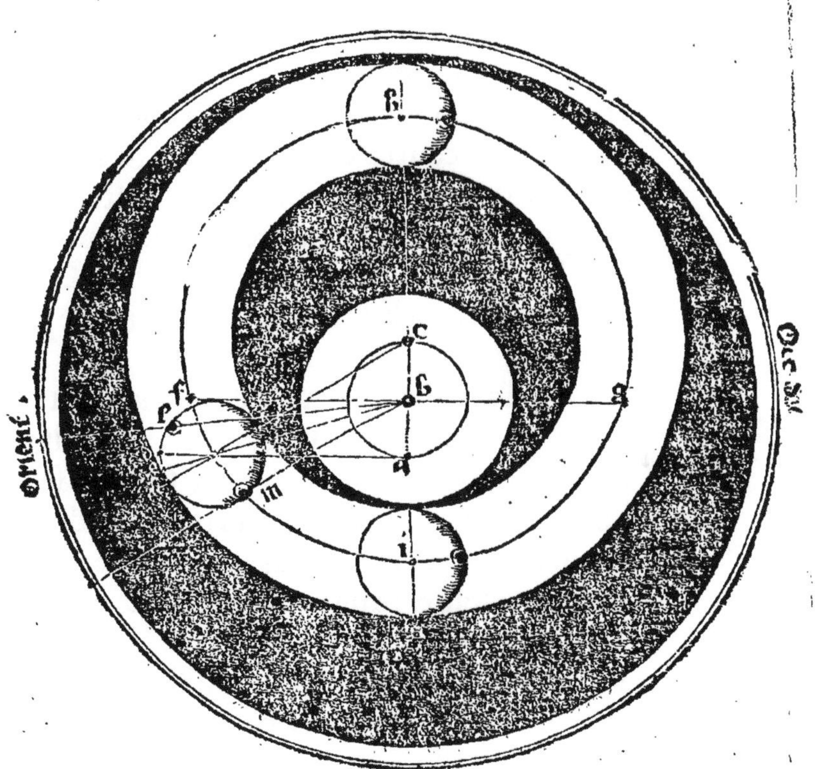

Moyen argument de la Lune.

L'arc en apres de l'epicycle, comprins depuis la moyenne auge dudict epicycle iusques au centre de la lune selon l'ordre du mouuement du corps de ladicte Lune, est appellé le moyen argument de la Lune, qui n'est autre chose que le moyen mouuement de l'epicycle. Comme l'arc D L, ou D L M, de la figure precedente.

Vray argument de la Lune.

L'arc dudict epicycle, comprins entre la vraye auge ou eleuation dudict epicycle, iusques audict centre du corps de la lune, selon aussi l'ordre du mouuement de ladicte Lune, est appellé le vray argument de la Lune, & c'est le vray mouuement de l'epicycle Comme l'arc E L, ou E L M, de ladicte figure precedente.

Equatiõ de l'argument Lunaire.

Mais l'arc du zodiac, comprins entre la ligne du moyen mouuement, & la ligne du vray mouuement, de la Lune, selon l'ordre des signes, est dict l'equation de l'argument de la Lune. Pource qu'elle croist & descroist selon l'augmentation & diminution du vray argument, & se trouue aux tables par ledit argument. Tu peux prendre l'exemple de l'arc D E, en la la septiesme figure de ceste Theorique. Quand la Lune est en la vraye auge de l'epicicle, ou en son opposite, ou que soit ledit epicicle, ladicte equation de l'argument eſt nulle : pource que les lignes du moyen & vrai mouuement de la Lune ſont enſemble. Et la pluſgrande que puiſſe eſtre, eſt quãd le centre de l'epicicle eſt en l'oppoſite de l'auge de l'eccẽtrique, & la Lune en la ligne prouenant du centre du monde, & touchant ledict epicicle. Car alors les lignes du moyen & vrai mouuement de la Lune, ont la pluſgrande ouuerture qu'elles puiſſent auoir. Comme l'on peut clairement entendre ſans autre figure ou demonſtration.

En quel lieu eſt nulle equation de Lune, ou bien la plus grande.

L'epicycle donc a telle reuolution, qu'il eſt irregulier quant à ſon mouuement, enuiron ſon propre centre & diametre. Mais ceſte irregularité a telle reformation, que le centre & corps de la *Lune* fait, & s'eſlongne tous les iours naturels du poinct de la moyenne auge de l'epicicle treize degrez, & enuiron quatre minutes. Dont il faut entendre, que la circunference dudit epicicle, eſt diuiſee en douze ſignes, ou trois cens ſoixante degrez (comme tout autre cercle, grand ou petit) commençans à la moienne auge, pour le moien argument, ou à la vraie, pour le vrai argument de la *Lune*.

Quantité du mouuement de l'Epicycle Lunaire.

Il s'eſuit dõcques des mouuemẽs & propos deſſuſdicts, que la Lune eſt plus tardiue en

De la velocité & tardité du mouuemẽt lunaire quant à son epicycle.

son mouuement, par la partie superieure de l'epicycle : & plus hastiue ou veloce par l'inferieure. Pource que par la superieure le centre de la Lune va au contraire du centre de l'epicycle : dont le mouuement de l'vn retarde le mouuement de l'autre. Et par l'inferieure le centre de l'epicycle & le centre de la Lune vont ensemble selon l'ordre des signes: dont le mouuement de l'vn haste le mouuement de l'autre.

De la velocité & tardité du mouuemẽt de Lune quãt à l'eccentrique.

Secondement il est necessaire que la reuolution de l'epicycle, enuiron son centre: soit plus veloce par la partie superieure de l'eccentrique, & plus tardiue par l'inferieure. Pource que par la partie superieure dudit eccentrique, le poinct de la moyenne auge de l'epicycle se meut vers la mesme partie que la Lune, & par l'inferieure au contraire. Et pource que la Lune fait tous les iours treze degrez, & enuiron quatre minutes de la moyenne auge de l'epicycle, il faut que quand la moyẽne auge va vers la Lune, qu'elle soit acceleree & quand elle va au contraire que ladicte Lune soit retardée en son propre mouuement : car le poinct de la moyenne auge fait vne partie de sondit moyen argument.

Pour venir doncques à la finale practique

de la theorique de la Lune, il faut auoir le centre d'icelle, ainsi qu'a esté dict cy deuant. Et si ledit centre de la Lune est moindre que six signes, qui aduient toutes & quantesfois que le centre de l'epicycle est descendant de l'auge de l'eccentrique vers son opposite, alors la moyenne auge de l'epicycle est entre la vraye auge, & la Lune. Parquoy le vray argument de la Lune est plusgrand que le moyen. Dont il faut adiouster l'equation du centre au moyen argument pour auoir le vray. Comme si le centre de la Lune est l'arc A B, de la figure suiuante, la vraye auge de l'epicycle C, & la moyenne D, & la *Lune* au poinct E, il est euident qu'il faut adiouster l'equation du centre C D, trouuée par ledit centre A B, au moyen argument D E, pour auoir le vray argument C E.

Methode pour auoir le vray argument lunaire.

Quand l'equation du centre se doit adiouster, ou diminuer.

Mais quand ledit centre est plusgrand que six signes, c'est à dire quand le centre de l'epicycle est ascendant de l'opposite de l'auge vers ladicte auge de l'eccentrique, lors la vraye auge de l'epicycle est entre la moyenne, & la Lune. Parquoy le moyen argument est glusgrand que le vray. Dont il faut soubtraire ladicte equation du centre du moyen argument, pour auoir le vrai argument de la Lune. Comme si le centre de la *Lune* est l'arc ABF, de ladicte suiuante figure, la moyenne auge de l'epicicle G, & la vraie H, & la *Lune* au poinct I, lors il est euident qu'il faut soubtraire ladicte equation du centre G H, du moien argument G H I, pour auoir le vray argument G I, & ainsi de tous autres semblables.

Theorique & demonstration du vray argument Lunaire: & de l'equation du centre, qui se doit adiouster ou diminuer.

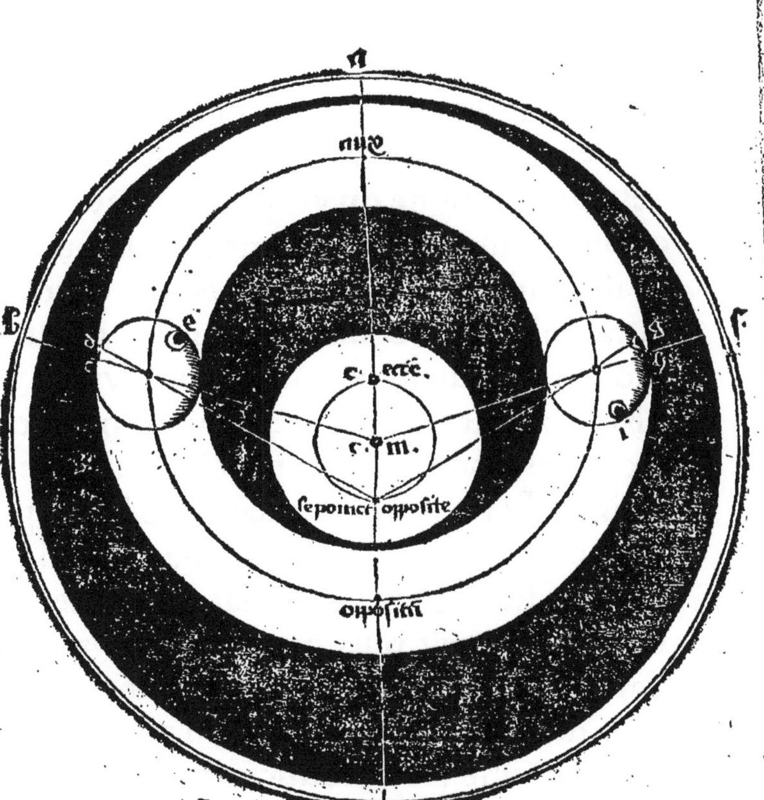

Faut entendre que le cẽtre de l'epicicle estãt en tous les deux poinctsequidistans de l'auge ou opposite de l'eccentrique, les equatiõs du cẽtre sõt egales, dõt elles ser.:ẽt depuis l'auge de l'eccentrique, iusques à son opposite, & depuis l'opposite en retournãt à ladicte auge.

Inuention du vray mouuemẽt de la Lune.

Finablement quand le vray argument de la Lune est moindre que six signes, la ligne du moyen mouuement precede, selon l'ordre des signes, la ligne du vray mouuement. Parquoy si le moyen mouuement de la Lune est plusgrand que le vray mouuement d'icelle, il faut soubtraire l'equation de l'argument du moyen mouuement pour auoir le vray.

Mais si ledit argument est plusgrand que de six signes, il aduient lors tout le contraire: car la ligne du vray mouuement de la lune, precede celle du moyen mouuement, selon l'ordre desdits signes du zodiac, dont le vray mouuement est plus grand que le moyen.

Quand il faut adiouster ou soustraire l'equation de l'argument Lunaire.

Parquoy il faut lors adiouster ladicte equation de l'argument au moyen mouuement, pour auoir le vray mouuemẽt de la lune. Cõme en ceste figure suiuante pour auoir le vrai mouuemẽt de la lune ABC, il faut soubtraire l'equatiõ de l'argumẽt CD, prouenãt de l'argumẽt FG, du moyen mouuement ABD ou adiouster audit moyen mouuemẽt ABD, l'equation de l'argument D E, prouenant de l'argument F G H, pour auoir le vray mouuement de la Lune A B E, & ainsi des semblables.

Demonstration & Theorique des equations de l'argument de Lune dernieres: & de l'inuention du vray lieu & mouuement d'icelle.

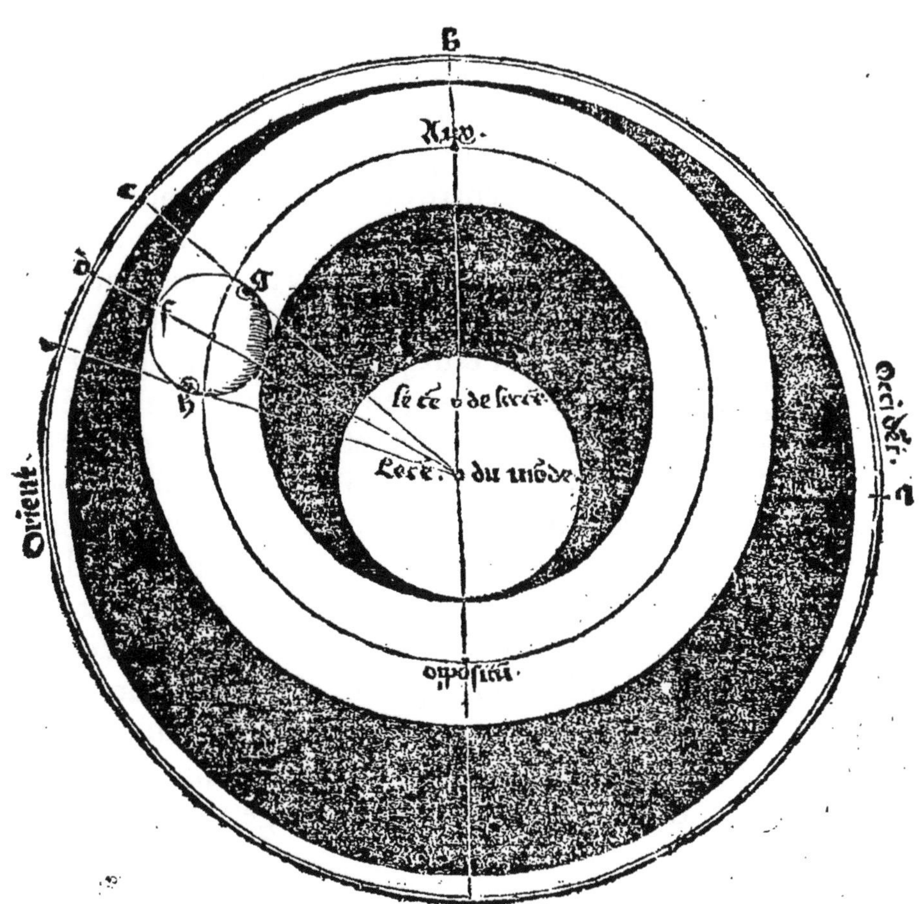

De la diuersité des equations des argumens Lunaires.

Pour plus amplement & clairement entẽdre la diuersité, & practique desdictes equations des argumens, il est à noter, que celles qui sont mises aux tables, sont calculees, supposé que le centre de l'epicycle soit en l'auge ou eleuation de l'eccentrique. Mais le centre de l'epicycle descendant de ladicte auge de l'eccẽtrique vers son opposite, lesdictes equations (i'entens celles qui prouiennẽt des mesmes argumens) croissent continuellement iusques à ce, que le cẽtre de l'epicycle soit en l'opposite de l'auge de l'eccentrique. Et ce à cause que le centre de l'epicycle s'approche continuellement du centre du monde: dont les lignes du moyen, & vray mouuement de la Lune font tant plusgrandes ouuertures, & comprennent tant plusgrãdes equations au zodiac. Tellement que celles qui prouiennẽt le centre de l'epicycle estãt en l'auge de l'eccentrique, sont les moindres, & en son opposite les plus grandes que puissent aduenir. Et pour ce qu'il seroit trop long & tedieux, de calculer & mettre par tables toutes lesdictes equations au long, selon la situation du centre de l'epicycle, par tous les poincts de l'eccentrique, on a tant seullement calculees les equations de tous les vrays argumens, le cẽtre de l'epicicle estant en l'auge, & son oppo-

En quels lieux sont grandes & petites les equations des argumens.

ſite de l'eccentrique: & mis es tables celles de l'auge, qui ſont les moindres, comme nous auons dit: & puis ſubtraict leſdictes equatiõs qui prouiennent en l'auge, des pluſgrandes: c'eſt à dire de celles qui prouiennent en ſon oppoſite: & les differences on a mis par ordre au droict deſdictes equations moindres, reſpondans à chaſcun argument dont l'equation a eſté ſoubtraicte. Et a on appellees ces differences, diuerſitez du diametre: car (comme nous dirõs tantoſt) on prend d'icelle vne partie proportionale, pour auoir les equatiõs depuis l'auge de l'eccentrique iuſques à ſon oppoſite, ſelon que le diametre de l'epicycle eſt plus prochain du centre du mõde: & auſſi ſelon que la ligne de la vraye auge de l'epicycle, & moyen mouuement de la Lune eſt en diuers lieux d'icelle diametre dudit epicycle, ſelon la ſituation de l'epicycle en la circunference de l'eccentrique, depuis le poinct de l'auge iuſques à ſon oppoſite, ou prouient la diuerſité deſdictes equations.

Diuerſitez du diametre & parquoy elles ſont ainſi appellees.

Et pour plus facilement entendre, cõment on proportiõne leſdites equations, il faut noter que la ligne produicte du centre du monde iuſques à l'auge de l'eccentrique, eſt pluſgrande que celle qui eſt depuis ledit cẽtre du monde iuſques à l'oppoſite de l'auge dudict

Des minutes proportionales auec exemple à ce propre.

eccentrique : & ce, deux fois autant qu'il y a depuis le centre du monde iusques au centre de l'eccentrique. Comme est la ligne A C, surmontant la ligne A D, de la partie E C, double à l'eccentricyte A B, de la figure qui s'ensuit: supposé que A soit le centre du mõde, & B le centre de l'eccentrique, C l'auge, & D, l'opposite dudict eccentrique. Cecy noté, il faut imaginer ladicte partie C E, par laquelle la ligne de l'auge surmõte celle de l'opposite, estre diuisee en soixãte parties egales, appellees minutes proportionales, pour la cause que nous dirons cy apres. Dont il s'ensuit, que toutes & quantesfois que le centre de l'epicycle est en l'auge de l'eccẽtrique C, que toutes ces soixante parties sont dedans circunference dudit eccentrique : & en son opposite D, toutes lesdictes soixante dehors icelle circumference. Mais entre ladicte auge C, & son opposite D, vne partie d'icelles est dehors, & vne partie dedans : & tant plus dehors, & moins dedans, que le centre de l'epicycle est plus prochain de l'opposite de l'auge D. Comme demonstre l'epicycle estant aux poincts F, & G, de la figure icy dessoubs produicte.

Des minutes proportionales selon la situation de l'epicycle.

Theorique & demonſtration des minutes proportionales pour le mouuement Lunaire.

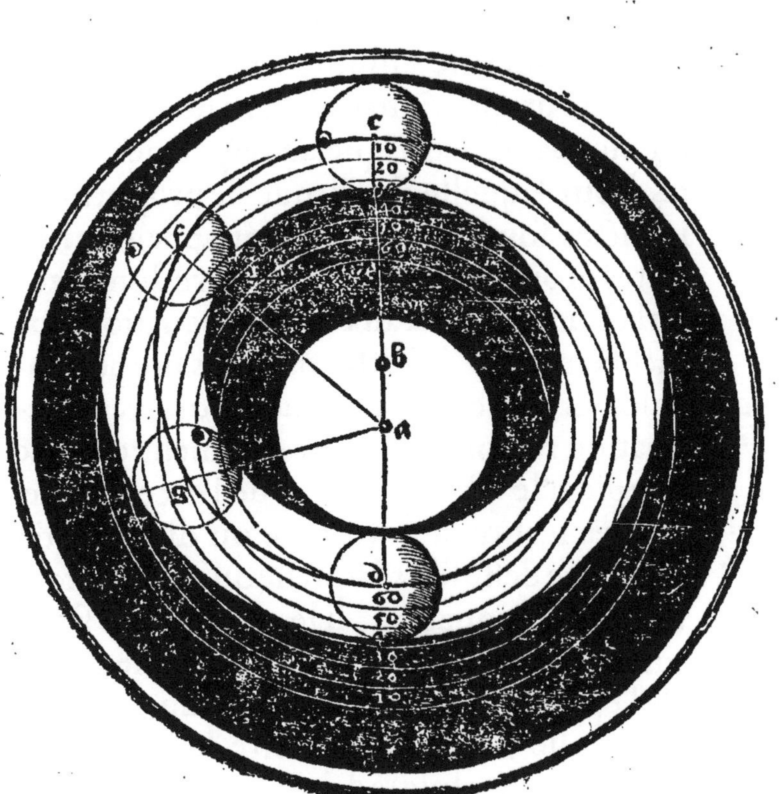

Pour verifier les equations des argumens par les minutes proportionales.

L'epicycle doncques estant hors de l'auge de l'eccentrique (c'est à dire quand l'arc appellé le centre de la Lune croist) il faut prendre vne partie des dictes diuersitez du diametre, pour les adiouster aux equations trouuees : & ce en telle proportion au regard de toute la diuersité, comme sont les parties des minutes proportionales estans hors la circũference de l'eccentrique, au regard des soixãte. Pour laquelle similitude de proportion, lesdictes soixante parties sont appellees minutes proportionales. Par le cẽtre doncques de la Lune on prẽd aux tables l'equation dudict centre, & lesdictes minutes proportionales. Et par le vray argument, on prend l'equation respondant audit argument: comme si l'epicycle estoit en l'auge de l'eccentrique, & auec iceluy la difference ou diuersité du diametre dessusdict. laquelle on adiouste toute à ladicte equation, si le centre est de six signes iustement (qui aduient quand le centre de l'epicyle est en l'opposite de l'auge de l'eccentrique) ou si ledit centre de la Lune est moindre, ou plusgrãd de six signes, on prend vne partie de ladicte difference, ou respondante diuersité du diametre, selon la proportion desdictes minutes proportionales, ainsi comme nous auons declaré cy dessus: laquel-

Pratique & declaration des canons tabulaires de la Lune.

le partie proportionale on adiouſte à l'equation trouuee, pour auoir l'equation vraye ſelon la ſituation de l'epicycle. Comme, ſi l'equation de l'auge trouuee eſtoit dix degrez & la diuerſité du diametre ſix degrez, & les minutes proportionales eſtans hors la circũference de l'eccentrique trẽte, tout ainſi que trente ſont la moytié de ſoixante, ainſi faut prendre la moytié de ſix : c'eſt à ſçauoir trois degrez, & les adiouſter auec dix degrez, pour auoir la vraye equation de l'argument, qui ſera de treze degrez. Il faut dõc former la queſtiõ par la reigle de trois, ainſi. Si ſoixante minutes donnent trente, combien de degrez viendront proportionalemẽt de ſix degrez? en ordonnant ainſi les nõbres, ſoixante, trente, ſix, & faiſant comme ladicte rigle commande tu ſeras de ce aduerti? Et par ainſi on a la vraye equation de tous les argumẽs, ſelon toutes les ſituations de l'epicycle : laquelle vraye equation on adiouſte, ou ſoubtraict finablement du moyen mouuement de la Lune, pour auoir le vray, en la façon & maniere qu'a eſté cy deuant declaree.

Exemple facile des choſes ſuſdites.

Moyẽ pour prendre la partie proportionale des minutes, & finalemẽt auoir le vray mouuemẽt Lunaire.

Apres la Theorique de la Lune, & practique de ſon vray mouuemẽt ſelon la longitude de l'eclyptique ſuffiſamment declaree, & exprimee cy deſſus, il reſte demonſtrer &

practiquer comment il faut auoir la latitude de ladicte Lune, & cõsequemment ce qui cõcerne l'art & inuention des coniũctions, oppositions, quadratures, & eclypses, tant de ladicte Lune, que du Soleil.

Mouuemẽt du chef & queue du Dragõ lunaire.

Dont premierement il faut noter, que les deux intersections de l'eccentrique de la Lune & de l'eclyptique, que nous auõs dit estre appellees chef & queuë du Dragon, ont leur mouuement d Orient en Occident, au mouuement du quatriesme orbe lunaire faisans tous les iours naturels outre le mouuement diurnel de vingt quatre heures, enuirõ trois minutes : & ce au long & sur le diametre de l'eclyptique. Comme a esté dit cy deuant enuiron le cõmencement de la presente Theorique Lunaire.

La ligne doncques du moyẽ & vray mouuement de l'intersection, qui s'appelle chef du Dragon est celle qu'est produicte du centre du monde, par ladicte intersection, iusques au zodiac. Comme represente la ligne A B C, de la suiuante figure : supposé que A soit le centre du monde, & B *caput Draconis*, c'est à dire le chef du Dragon & le cercle D E F, le zodiac, ou eclyptique. Le moyen mouuement de ladicte intersection, est l'arc de l'eclyptique comprins depuis le commẽcement

Moyẽ mouuement du chef du Dragon.

cement du ſigne d'Aries iuſques à la ligne deſſuſdicte, contre l'ordre & ſucceſſion des douze ſignes: Comme eſt l'arc E D C, de ladicte figure: ſuppoſé que E, ſoit le chef, & commencement dudit ſigne d'Aries.

Vray mouuement du chef du Dragon.

Le vray mouuement de ladicte interſectiõ dict chef du Dragõ, eſt d'Aries, iuſques à icelle meſme ligne du moyen & vray mouuement, ſelon l'ordre & conſequence des douze ſignes: Comme repreſente l'arc E F C, de ladicte figure qui s'enſuit. Tellement que leſdicts moyen & vray mouuements comprennent toute la circunference de l'eclyptique, & ſe terminent en vn meſme poinct, nonobſtant que ce ſoit diuerſement.

Pour auoir le vray mouuemẽt du chef & queuë du Dragon.

Dont il appert, qu'il faut ſoubtraire le moyen mouuement de ladicte interſection, qui s'appelle *caput Draconis* de douze ſignes, pour auoir le vray mouuement d'icelle: Cõme en ſoubtraiant le moyen, & deſſuſdict mouuement E D C, de toute la circunference C D E F, il reſte le vray mouuemẽt E F C, nagueres exprimé. Autant en faut entendre, & conformement imaginer de l'autre interſection G, qui s'appelle *cvuda Draconis*, queuë du Dragon. Ce qui eſt facile à deduire de ladicte figure cy deſſoubz miſe, & inſeree.

Outre plus, l'arc de l'eclyptique comprins

Moyen argument de la latitude de Lune.

entre la ligne du vray mouuement de ladicte interſection appellee chef du Dragon, & la ligne du moyen mouuement de la Lune, ſelõ l'ordre des ſignes, eſt appellé le moyen argument de la latitude de la Lune: cõme eſt l'arc C D, ſuppoſé que l'epicycle ſoit au poinct H: ou l'arc C D F, l'epicycle eſtãt au poinct M, & ainſi des autres ſemblables. Le vray argumẽt de la latitude de la Lune eſt l'arc de l'eclyptique, comprins entre ladicte ligne du vray mouuement du chef du Dragon & la ligne du vray mouuement de la Lune, ſelõ l'ordre des ſignes: comme eſt l'arc C L, la Lune eſtãt au poinct I: ou l'arc C L O, ladicte Lune eſtãt au poinct N, de ladicte figure cy deuant miſe: & ainſi des autres.

Vray argument de la latitude de Lune.

Parquoy il appert, que en ſoubtrayant le vray mouuement de la ſection appellée chef du Dragon ou vray mouuement de la Lune, il reſte le vray argument de la latitude d'icelle Lune: comme ſi tu ſoubtrais le vray mouuement du chef Dragonnaire E F C, du vray mouuement de la Lune E C L, il te demonſtre le vray argumẽt de ladicte latitude de la Lune C L, Ou ſi tu veux, adiouſte le vray mouuement de la Lune au moyen mouuemen de ladicte ſectiõ appellee *caput Draconis*, en obſeruant la couſtume d'adiouſter en fra-

Methode pour extraire le vray argument de la latitude de Lune.

ctions aſtronomiques : c'eſt à dire en oſtant douze ſignes quand ils y ſont tous entiers, & & tu auras ledit argumenr vray de la latitude de la Lune : comme en adiouſtant le vray mouuement de la Lune E O , auec le moyen mouuement *capitis Draconis* E L C, tu auras le vray argument de la latitude C L O. Par lequel vray argument de la latitude de la Lune, on trouue es tables ladicte latitude de la Lune : laquelle a eſté diffinee, & declaree au commencement de ceſte Theorique de Lune.

Que ſert l'argument de latitude de Lune.

Theorique pour le mouuement du chef & queuë du Dragon Lunaire.

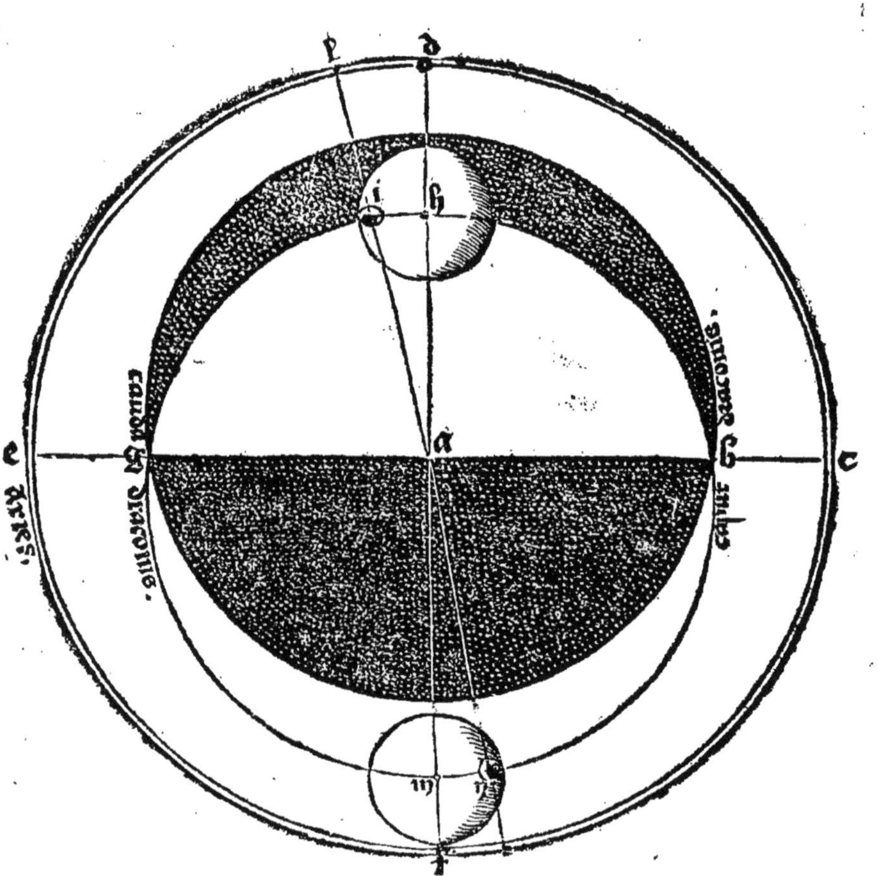

Venant à la matiere qui concerne les eclipses, & autres aspectz & passions du Soleil & de Lune, il est à noter que outre ce que nous auons dit cy deuant des quadratures, coniunctions, & oppositions du Soleil & de la Lune (qui seroit d'inutile repetition) il y a vne coniunction appelle visible : c'est à dire apparente, ou iugee selõ la ligne visuale procedant de l'œil, & passant par le centre de la lune & du Soleil iusques au firmament : ou ladicte ligne denote le lieu apparent à nostre œil, soit du Soleil ou de la Lune. Lequel lieu apparent selon nostre veue, n'est autre chose que le poinct du firmamẽt denoté par ladite ligne, procedãt de nostre œil par le centre du Soleil ou de la Lune, iusques audit firmamẽt: car le vray lieu est tousiours denoté par la ligne du vray mouuement.

Des eclipses & aspects du Soleil & Lune.

Lieu apparent & vray du Soleil & Lune.

L'exemple de ladicte coniunction apparente du Soleil & de la Lune, est demonstré par la ligne B D H N, ou B F K R. Et le lieu apparent par le poinct N, ou R. Et la vraye coniunction par la ligne A C H O, ou A G K Q : & le vray lieu d'iceux par le poinct O, ou le poinct Q, de la figure qui s'ensuit. Supposé que A, represente le centre du mõde, B, l'œil estant en la superfice de la terre, C D E F G, le ciel de la Lune, H I K,

Exemple fort propre pour les

choses susdites.

le ciel du soleil, L N P R T, le firmament, P le poinct vertical, & la ligne L A T, l'orizon, ainsi que demonstre ladicte figure.

Deux latitudes de Lune.

Dont il ensuit, que la Lune a deux latitudes: c'est à sçauoir la vraye latitude, dont nous auons cy deuant parlé, & la latitude apparente. Tellement que par la latitude apparente de la Lune, il faut entendre l'arc du grand cercle venant des poles de l'eclyptique, & passant par le lieu apparent de la Lune comprins entre ladicte eclyptique, & le lieu apparent dessusdict. Ce qui est plus aysé à comprendre par imagination, que par figure.

Diuersité d'aspect du Soleil ou Lune, qu'ō nomme parallaxe.

L'arc doncques du grand cercle passant par le zenith ou poinct vertical & le vray lieu du Soleil ou de la Lune, comprins entre le vray lieu, & le lieu appparent dudit Soleil ou de la Lune, est appellé la diuersité de l'aspect ou du regard du Soleil, ou de la Lune. C'est à dire, la difference qui est entre le vray lieu d'iceux & le lieu apparent, selō nostre aspect ou regard. Comme sont les arcs N O, ou Q R, pour le Soleil estant aux poincts H, ou K. Et les arcs M O, ou Q S, pour la Lune, ladicte Lune estant au poinct C, ou au poinct G, de ladite figure suiuante. La diuersité du regard de la Lune cõparee à celle du Soleil, eſt l'arc de ladicte diuerſité de la Lune, par lequel elle ſurmonte la diuerſité du regard du Soleil, comme eſt l'arc M N, par lequel la diuerſité du regard de la Lune M O, ſurmonte celle du Soleil N O. Ou l'arc R S, par lequel la diuerſité du regard de la Lune Q S, ſurmõte pareillement celle du Soleil Q R. Car la diuerſité du regard eſt beaucoup plus grande en la Lune, qu'elle n'eſt au Soleil: pource que la Lune eſt plus prochaine de la terre, que le Soleil. Pour laquelle cauſe, le ſemidiametre de la terre eſt de notable apparence au regard du ſemediametre de l'orbe total de la Lune: & bien peu perceptible au regard de celuy du Soleil, dont les lignes du vray lieu & du lieu apparent de la Lune, font plus grãdes ouuertures & comprennent plus grand arc, que celles du Soleil: comme demonſtre ladicte figure qui s'enſuit. Item pour ladicte cauſe, la diuerſité deſſuſdicte eſt d'autãt plus grãde, que le Soleil ou la Lune ſont plus prochains de l'horizõ. Ainſi qu'il appert de la diuerſité du Soleil Q R, qui eſt plus grãde que N O. Et de celle de la Lune Q S, plus grande que n'eſt M O, à cauſe que le ſoleil au poinct K, & la Lune au poinct G, sõt plus prochains

Pourquoy plus grãde diuerſité d'aſpect eſt en la Lune qu'au Soleil.

Plus grãde diuerſité d'aſpect eſt aupres de l'horizon, qu'aupres du meridiẽ.

de l'horizon S A L, que ledit Soleil estant au poinct H, & la Lune au poinct C, ainsi des autres.

Les moyennes coniunctiõs quelquefois preceder les vrayes: & au cõtraire: comme aussi ensuiure.

Il est donc euident des choses dessusdictes, que la moyenne coniunction du Soleil & de la Lune, aduient aucunesfois deuãt la vraye, & aucunesfois la vraye deuant la moyenne: pour ce que les lignes du moyen mouuemẽt tant du Soleil que de la Lune precedent aucunesfois celles du vray, & aucunesfois celles du vray precedent celles de leurdict moyẽ mouuement, selon l'ordre & consequence des signes, comme a esté dit cy dessus, en leur Theorique. Item la vraye coniunction dudit Soleil & de la Lune, est aucunesfois deuãt la cõiunction apparente. Et aucunesfois l'apparente deuant la vraye, & plusieurs fois toutes deux ensemble. Car si la vraye coniunction aduient entre l'ascendant vers Orient, & le poinct de Midy, la coniunction apparẽte precede la vraye: comme il appert par al figure precedente, du Soleil estant au point K, & la Lune estant au poinct F, puis venant au poinct G. Et si ladicte vraye coniunction aduient entre ledit poinct meridional, & l'Occident, la vraye coniunction precede la coniunction apparente, ainsi qu'il appert par ladicte figure du Soleil estant au poinct H, & la *Lune* au poinct C, venant au poinct D. Finablement, si ladicte vraie coniunction aduient sur ledit point meridional distant par nonante degrez du poinct ascendant, & occident de l'ecliptique, alors la coniunction apparente coincide auec la vraye : comme demonstre la *Lune* estant au poinct E, & le Soleil au poinct I, de la figure suiuante.

Quand la vraye & apparente coniõction se font ensemble.

Figure des eclipses & aspects de Soleil & Lune : comme aussi des diuersitez d'aspects d'iceux.

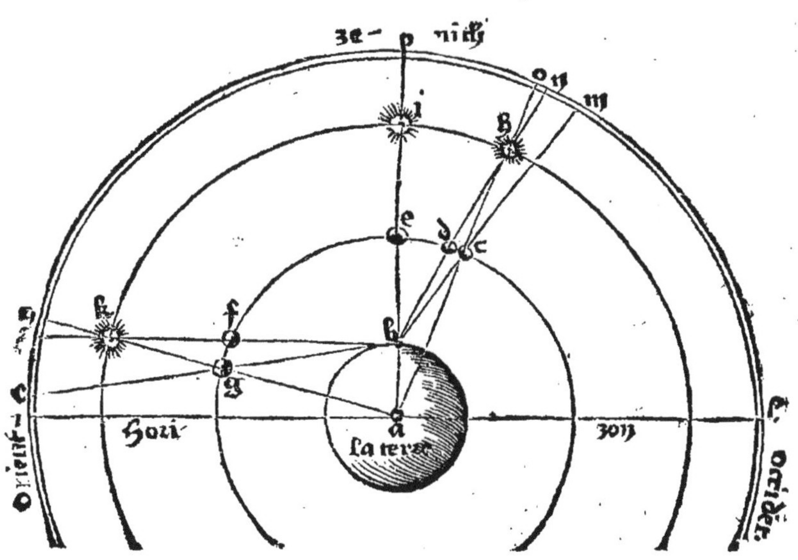

Item il est à noter, que la Lune apres sa vraye coniunction auec le Soleil nous appert aucunefois plus tost, aucunefois plus tard : & ce par trois causes principales. La premiere est la declination du zodiac, & obliquité de l'orizon : car si ladicte coniunction aduient en la moytié de l'eclyptique, depuis le commencement du Capricorne, iusques à la fin de Gemeau, on voit plustost la Lune aux climats Septentrionaux, que si elle estoit en l'autre moitié, à cause qu'il y a plus de ladicte Lune iusques à l'orizon, selon le cercle de sa reuolution descrit au mouuement diurnel, qu'il n'y a de l'eclyptique entre ladicte Lune & le Soleil. La seconde cause est la latitude de la Lune : car si apres ladicte coniunctiõ elle vient vers la latitude septẽtrionale, on la voit plus tost que si elle tiroit vers la meridionale. La tierce cause est la velocité du mouuemẽt de ladicte Lune : car elle en apparoist plus tost que si elle estoit tardiue en sondit mouuement. S'il aduient doncques que toutes ces trois causes se treuuent ensemble, lors on verra en vn mesme iour naturel la vieille & nouuelle Lune. Si deux, on verra la Lune au second iour apres la coniunction. Si vne tant seulement, on ne verra la Lune que iusques au tiers iour. Ou s'il aduient le

Trois causes pour lesquelles la Lune apres sa coniunction nous appert quelquefois tost, quelque fois tard.

Choses dignes de noter.

contraire de toutes ce trois causes dessusdictes, on ne verra ladicte Lune que iusques au quatriesme iour apres ladicte coniunction.

Finablement quant aux eclipses du Soleil, & de la Lune, il fault noter que les minutes de l'ecliptique que la Lune passe, en surmontant le mouuement du Soleil, depuis le commencement de l'eclipse de ladicte Lune, iusques au milieu, si l'eclipse est particuliere ou vniuerselle sans duration, ou depuis le commencement de la totale obscuration, iusques au milieu, si ladicte eclipse est vniuerselle auec duration, sont appellées minutes d'incidence en l'eclipse lunaire. Et les minutes de ladicte eclyptique, qu'icelle Lune passe en surmontant le Soleil, depuis le commencement de la totale obscuration de la Lune, iusques au milieu d'icelle, sont appellées minutes de retardation en ladicte eclipse Lunaire. Mais en l'eclipse du Soleil, les minutes que la Lune faict en surmontant le Soleil, depuis le commencement de l'eclipse du Soleil, iusques au milieu, sont dictes aussi minutes d'incidẽce referées à l'eclipse du Soleil. Dont il appert que si on diuise lesdictes minutes, par celles que la Lune fait en vne heure, en surmontant le Soleil, lon aura le tẽps de la moitié desdictes eclipses

Minutes d'incidence en eclypse de Lune, & de demeure, ou demie retardation.

Pour la duration des Eclypses.

particulieres ou vniuerselles : lequel temps doublé, rend la totale duration, depuis le commencement iusques à la fin.

Doigts eclyptiques & diametre visual du Soleil & Lune.

Secondement il faut noter, que le diametre visual, c'est à dire iuge selon l'apparence de nostre veuë, tant du Soleil que de la Lune, est imaginé estre diuisé en douze parties egales, appellées Doigts ecliptiques. Et faut consequemment entendre que le diametre visual du Soleil, estant en l'auge de son eccentrique, comprend au firmament en maniere de chorde trente & vne minutes. Et ledit Soleil estant en l'opposite de l'auge de sondit eccentrique, trente quatre. Toutesfois le mouuement du Soleil en vne heure, quant à son diametre visual, a telle proportion, que cinq à soixante six: c'est à dire que le Soleil fait en vne heure cinq parties, de cinquante six parties de son diametre visual, supposé qu'il soit ainsi diuisé. Mais le diametre visual de la Lune estant en l'auge de son eccentrique & epicycle, comprend en maniere de chorde vingt neuf minutes. Et ladicte Lune estant audit auge de l'eccentrique, & en l'opposite de l'auge de l'epicycle, trente six. En façon toutesfois, que telle proportion qui est de quarante huit à quarante sept, telle a le mouuement de la Lune en vne heure, à son diametre visual: c'est à dire de quarante sept parties de sondit diametre visual, la Lune en fait ou passe quarante huit en vne heure. Dont il s'ensuit qu'il est possible que le Soleil eclipse vniuersellement par toute la terre. Ce que toutesfois n'a peu aduenir pour la diuersité du regard, ou parallaxe.

De la velocité du mouuemẽt de la Lune à son diametre visual.

Quant au diametre de l'vmbre de la terre, ou passe la Lune durant son eclipse, il faut noter que ledit diametre, le Soleil estant en l'auge de son eccentrique, a telle proportion au diametre visual de la Lune, que des dixsept parties du diametre de l'vmbre, le diametre visual de la Lune en comprend cinq. Mais le Soleil estant hors ladicte auge de l'eccentrique, le diametre de l'vmbre est moindre que le diametre de ladicte vmbre (le Soleil estant en l'auge) de la difference du mouuement du Soleil estant en ladicte auge, & de son mouuement luy estant ailleurs, prinse dix fois. Prenons par l'exemple que le Soleil estant en l'auge de son eccentrique, face cinquãte sept minutes, & en l'opposite soixante & vn il faut oster cinquante sept de soixante & vn, reste quatre minutes de difference, lesquelles conuient multiplier par dix, sont quarante. Le diametre doncques de ladicte

Du diametre de l'vmbre de la terre.

Exemple des choses susdites fort familier.

vmbre contient douze parties, & vingt minutes: c'est à dire treze parties moins quarante minutes, le Soleil estãt en l'opposite de l'auge dudit eccentrique. Et ainsi faut entendre ou que soit le Soleil en son eccentrique, pourueu que lon saiche son vray mouuement. Et ce suffise quant à ceste matiere pour le present. Reste consequemment descrire la Theorique de Saturne, Iupiter & Mars: & puis des autres par ordre, le plus clairement que faire se pourra.

Theorique des trois planetes superieurs, sçauoir est de Saturne, Iupiter & Mars.

Briefue descriptiõ des trois orbes des Planetes superieurs.

LEs trois planetes superieurs, c'est à sçauoir Saturne, Iupiter, & Mars, ont chacun trois orbes ainsi figurez, comme les trois du Soleil, c'est à sçauoir deux extremes difformes, & le moyen vniforme totalement eccentrique, dedans l'espoisseur duquel est la petite sphere appellée l'epicycle, auquel est le vray corps de chacun desdicts planetes, en la façon & maniere qu'il a esté dict de la Lune, & comme ceste prochaine figure demonstre.

Theorique demonstrant les orbes & centres des trois superieurs planetes.

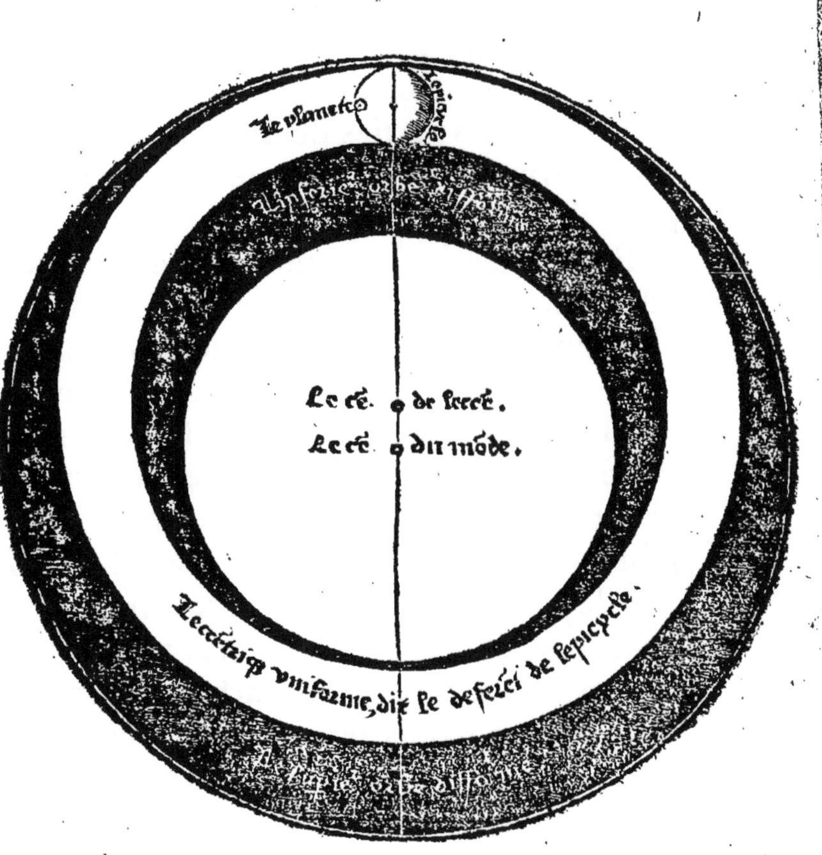

Mouuemẽs des deux deferens les auges des Planetes.

Les deux orbes difformes, appellez les deux deferens de l'auge, pour les causes dessusdictes, ont leur mouuement d'occident en orient, enuiron le centre du monde sur l'axe, & poles de l'eclyptique, de telle velocité & proportion, qu'est le mouuement des estoilles fixes: en façon que les plus estroictes & plus espoisses parties desdicts orbes sont en la superfice de l'eclyptique: comme a esté dict de ceux du Soleil.

Declinatiõ du deferent des trois superieurs de l'eclyptique, & du lieu de leur auge.

Pour entendre le mouuement du deferent de l'epicycle, il faut noter que la superfice de l'eccentrique de chacun desdicts trois planetes, decline de la superfice de l'eclyptique, partie vers midy, & partie vers septentriõ inuariablement, faisant deux intersections, dõt l'vne est appellee le chef, & l'autre la queuë du Dragon, comme a esté dict de la Lune. Et est la partie de l'auge de l'eccentrique d'vn chacun desdicts trois planetes vers septentrion: toutesfois ledit poinct de l'auge, n'est pas celuy qui plus decline de l'eclyptique, on a plusgrande latitude en tous cesdicts planenetes: mais en Mars tant seulement: car en Saturne ledict poinct est deuant l'auge de l'eccentrique distant par cinquante degrez, contre la succession & ordre des signes. Et en Iupiter apres l'auge dudit eccentrique

trique, distant de vingt degrez selon l'ordre desdicts signes: Comme posé l'exemple qu'en ceste figure suiuante, A B C D soit la superfice de l'ecliptique, & A E C F celle de l'eccentrique, duquel la partie septentrionale soit A E C, & la meridionale C F A: imagine donc que l'auge de Saturne est au poinct G, & de Iupiter au poinct H, & de Mars au poinct E, & de leurs opposites, iuge conformement.

G

Figure du deuoyement de l'eccentrique & auges des trois superieurs planetes.

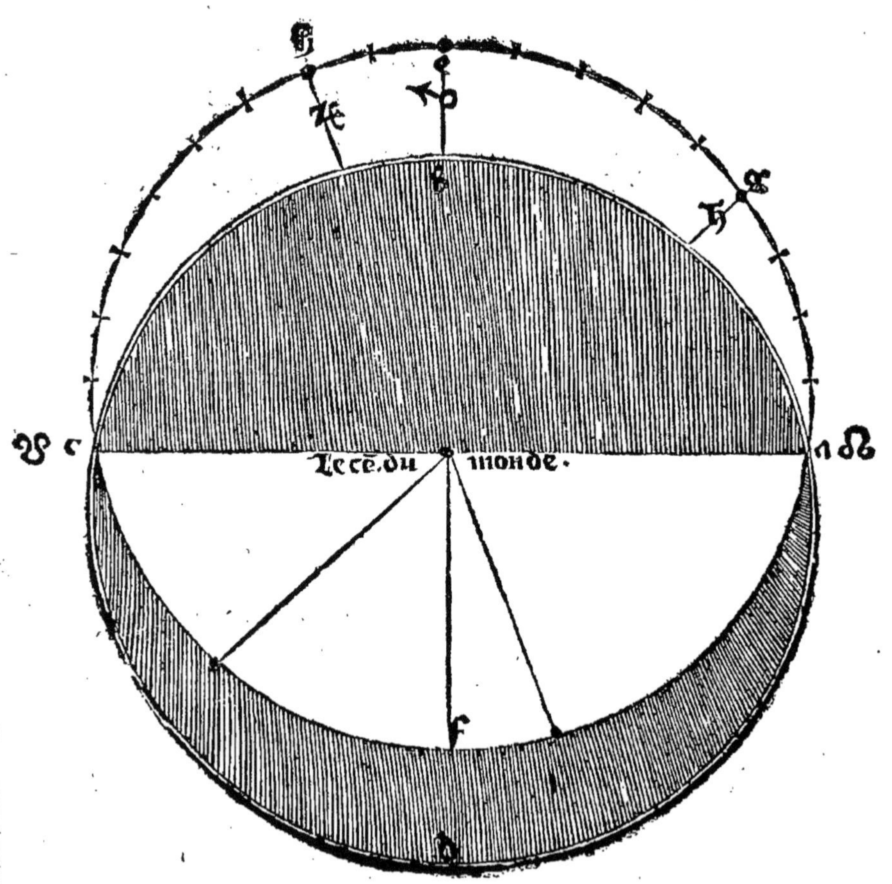

De cela ensuit premierement, que l'axe diametral de l'eccentrique interseque celuy de l'ecliptique vers la partie de Septentrion, à cause de la dessusdicte declination de l'eccentrique, au regard de l'ecliptique.

Secondement que les auges d'vn chacun desdicts planetes superieurs ne viennent iamais à l'ecliptique : mais demeurent lesdicts poincts des auges tousiours vers septentrion, & leurs opposites vers midy : quoy que lesdicts poincts soyent circunduicts au mouuement des deux orbes difformes. Et ce à cause de l'intersection de la superfice de l'eccentrique, auec celle qui passe par les plus estoictes & plus larges parties desdicts orbes difformes, de sorte que la plus grande partie de l'eccentrique où est le centre & auge dudit eccentrique demeure tousiours vers ledit Septentrion, & la moindre ou est l'opposite vers midy : comme si les poles de l'eccentrique au tour de ceux de l'ecliptique, & lesdicts poincts des auges & de leurs opposites, auec le centre dudit eccentrique descriuoyent certaines circunferences paralleles & equidistantes de tout costé à la plaine superfice de l'ecliptique : comme lon peut voir par ceste figure suiuante, en laquelle CE, represente l'ecliptique, D&B ses

Des auges, centres & poles de l'eccentrique.

Declaratiō de la figure suiuante.

poles, & son axe B A D, A le centre du monde, F celuy de l'eccentrique, H K la superfice dudit eccentrique, & I F G l'axe, & I & G les poles dudit eccentrique, & le poinct L, l'intersection dessusdicte.

Figure des auges, centres & poles de l'eccentrique.

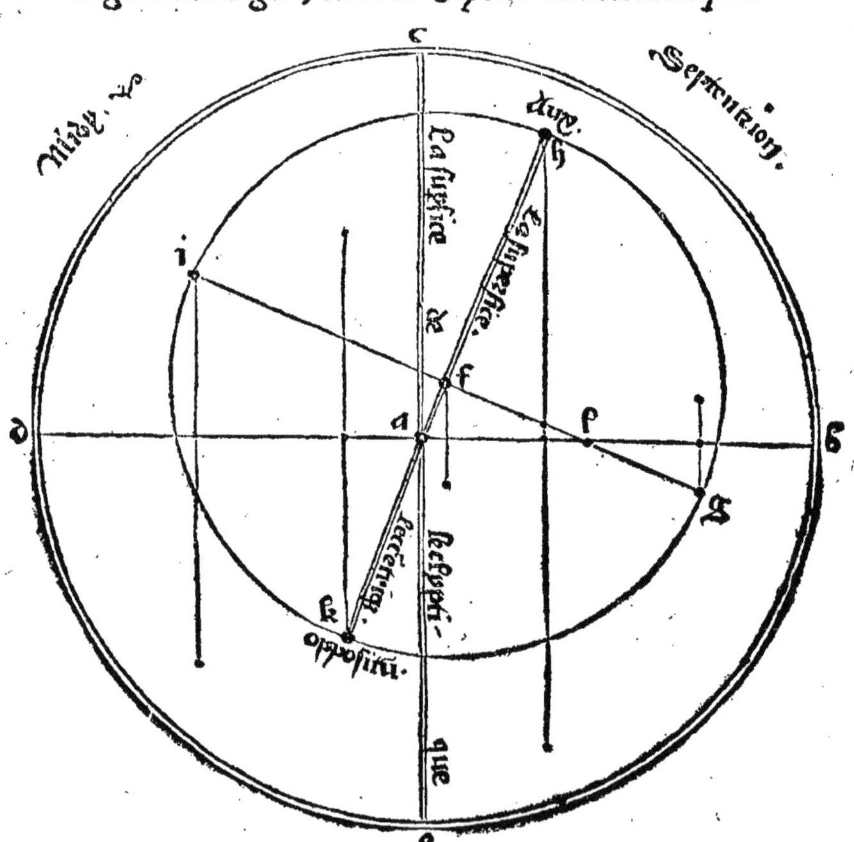

Le deferent donc de l'epicycle a son particulier mouuement d'occident en orient, selon l'ordre des signes, sur son axe & poles: ainsi inegalement distans de l'axe & poles de l'ecliptique & des deux orbes difformes, comme a esté dict cy dessus. Et faut noter que le mouuement dudit eccentrique, deferent de l'epicycle, est irregulier sur son propre centre, comme celuy de la Lune, & sur le centre du monde, comme celuy du Soleil. Parquoy faut imaginer en la ligne de l'auge, sur le centre dudit deferent vn poinct, autant distant du centre du deferent, comme ledit centre du deferent est loing du centre du monde: Et enuiron ledit poinct conuient imaginer vn cercle, egal totalement & en vne mesme superfice auec le cercle de l'eccentrique: lequel est descript par la complete circunduction de la ligne droicte qui est produicte du centre du deferent, iusques au centre de l'epicycle. La ligne doncques qui est produicte dudit poinct ainsi imaginé, iusques au centre de l'epicycle, aura regulier mouuement, faisant ou descriuant en temps egaux semblables arcs de la circunference dudit cercle, ainsi imaginé enuiron ledit poinct: lequel poinct pour ceste cause est appellé le centre de l'equant: & ledit cercle,

Mouuemẽt du deferent de l'picycle, & du centre de la regularité de sõ mouuement.

Centre & cercle de l'equãt des trois superieurs.

l'Equant: c'eſt à dire le centre, & cercle du mouuement egal des trois planetes deſſuſdicts. Et faut entendre en chacun d'iceux le poinct dict aux, & ſon oppoſite, comme a eſté dict de l'eccentrique du Soleil ou de la Lune. Mais les moyennes longitudes ſont denotées par la ligne qui paſſe par le centre du deferent, à droicts angles auec celle de l'auge dicte la plus longe longitude. Et tout cecy appert clairement par la figure ſuiuante: en laquelle A repreſente le centre du monde, B celuy du deferent, & C le centre dudit equant, D E F G le cercle eccentrique, & D H F I, le cercle dict equant. Et la ligne DBF, celle qui denote les moyennes longitudes D & F: tellement que E eſt l'auge de l'eccentrique, & H de l'equant, & G & I, leurs oppoſites.

Moyennes longitudes.

Theorique de l'eccentrique tant du deferent que de l'equant: comme außi des moyennes longitudes.

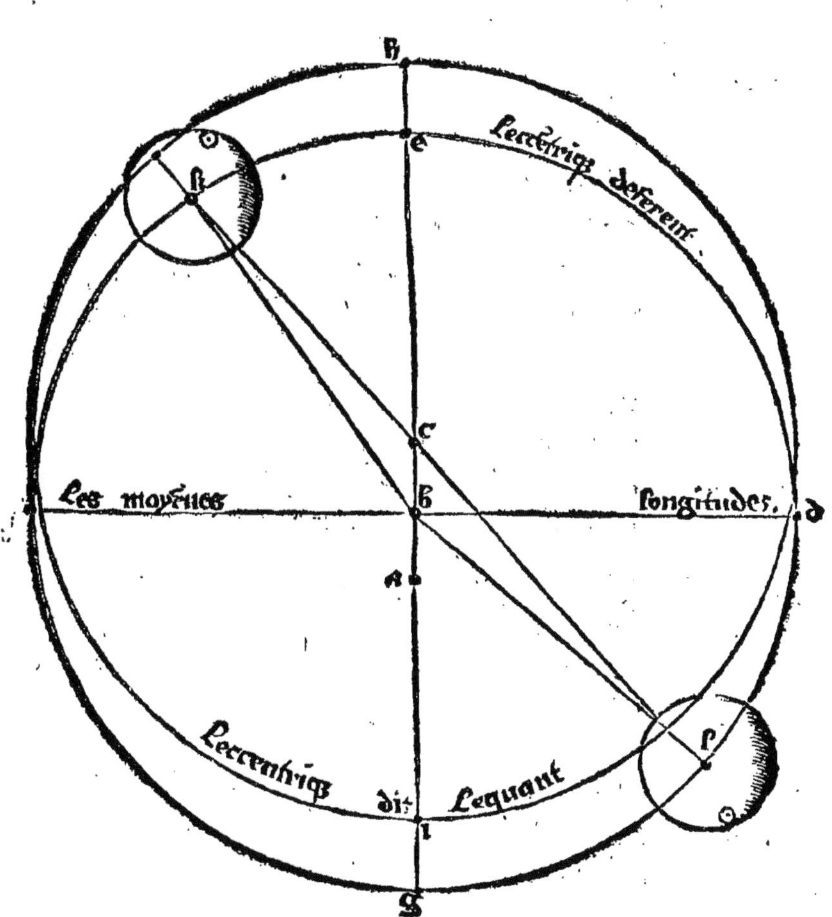

De la velocité & tardité du mouuemẽt du centre de l'epicycle en son deferent.

Il s'ensuit doncques, que d'autant que l'epicycle est plus prochain de l'auge de son deferent en tous ces planetes, le centre dudit epicycle, est plus tardif en son mouuement. Et tant plus prochain est ledit epicycle à l'opposite de l'auge dudit deferent, tant plus est le centre dudit epicycle hastiuement circunduit, tout au contraire de la Lune. La raison est, car le centre du mouuement regulier est sur celuy de l'eccentrique, & en la Lune le contraire. Et ce correlaire est euident par la precedente figure: en laquelle l'epicycle estant au poinct K, fait moindre arc du deferent, comme E K, que n'est l'arc G L, ledict epicycle estant au poinct L: combien que les deux arcs respondans en son equant soyent egaux: pource que vers l'auge, l'angle E B K, est moindre que n'est l'angle K C H: & vers l'opposite l'angle I B L est plus grand que n'est l'angle L C I, comme il appert par geometrique demonstration.

Mouuemẽt de l'picycle des trois superieurs planetes.

L'epicycle de chacũ des trois superieurs planetes a deux mouuemẽs. Le premier & principal est, par lequel le cẽtre du corps desdictes planetes est circũduict enuiron le cẽtre dudit epicycle, selõ l'ordre des signes, quãt à la partie superieure: & au contraire desdicts signes au regard de l'inferieure partie dudict epicycle: tout au contraire de la Lune. Comme depuis M, par le poinct N, au poinct O, tournãt de rechef au poinct M, de la suiuante figure: En laquelle A, represente le centre du monde, B, le centre de l'eccentrique deferent, & C, le centre de l'eccentrique dit equant. Item D E F G, represente l'eclyptique, & I K L, ledit deferent.

Mais pour mieux entendre la qualité du mouuemẽt dudict epicycle, & les choses qui s'ensuiuent pour la practique finale de tout, il est expedient declarer les termes necessaires, auãtque passer plus outre. Parquoy il faut premierement noter, que le poinct de la circunference de l'epicycle, qui est determiné par la ligne droicte, procedant du centre de l'equant par le centre de l'epicycle, est appellee la moyenne auge dudit epicycle: Comme est le poinct N, de la suiuante & prochaine figure. Mais le poinct de la circunferẽce dessusdicte lequel est denoté par la ligne produicte du centre du monde, par le centre de l'epicycle dessusdict, est dit le poinct de la vraye auge dudit epicycle: cõme est le poinct M, de ladite figure qui cy apres s'ensuit. La distance qui est entre ces deux points de la moyenne & vraye auge de l'epicycle, est dicte l'e-

Auge moyẽne et vraye de l'epicycle des trois planetes superieurs.

quation du centre audit epicycle: cõme l'arc M N, de la dessusdite figure. Laquelle est nulle toutes & quantesfois que le centre de l'epicycle est au poinct de l'auge, ou son opposite de l'eccentrique, deferent dudit epicycle: cõme l'on peut voir en ladicte figure que s'ensuit, l'epicycle estãt au poinct I, ou au poinct L. Et la plusgrande equation du centre en l'epicycle qui peust aduenir, est enuiron les moyennes longitudes cy deuant declarees: Cõme au poinct K, de ladite figure. La raison est: car en l'auge, ou opposite de l'eccẽtrique deferent, les lignes dessusdictes se ioignent en vne, & aux moyennes longitudes sont en la plusgrande distance qu'elles puissent auoir, comme il est euident par la figure suiuante.

En quel lieu est la plus grãde equatiõ du cẽtre en l'epicycle.

Secondement il faut noster, que l'arc de l'eclyptique depuis le commencemẽt d'Aries, selon l'ordre des signes iusques à la ligne de l'auge: ou plus longue longitude du deferẽt, est appellé l'auge en sa seconde acception, ou proprement le mouuement de l'auge desdictes planetes. Ainsi que demonstre l'arc D E, de la figure qui s'ensuit, supposé que D, soit le cõmencement du signe dit Aries. La ligne droicte qui procede du centre du mõde, iusques à l'eclyptique ou zodiac, equidistant à celle qui est produite du centre de l'equãt au

Mouuemẽt de l'auge des planetes.

centre de l'epicycle, estdicte la ligne du moyẽ mouuemẽt, tãt du planette que de l'epicycle: comme est la ligne A H, de ladicte figure, qui s'ensuit cy apres. L'arc de l'eclyptique depuis le commencent d'Aries iusques à ladicte ligne du moyen mouuemẽt, selon l'ordre des signes, est appellé le moyen mouuement, tãt du planete de l'epicycle : comme represente l'arc D E H, de la presente & souuẽt alleguee figure qui maintenant s'ensuit.

Moyẽ mouuemẽt tant du planete que de l'epicycle.

Theorique & demonstration oculaire des choses precedentes & subsequentes.

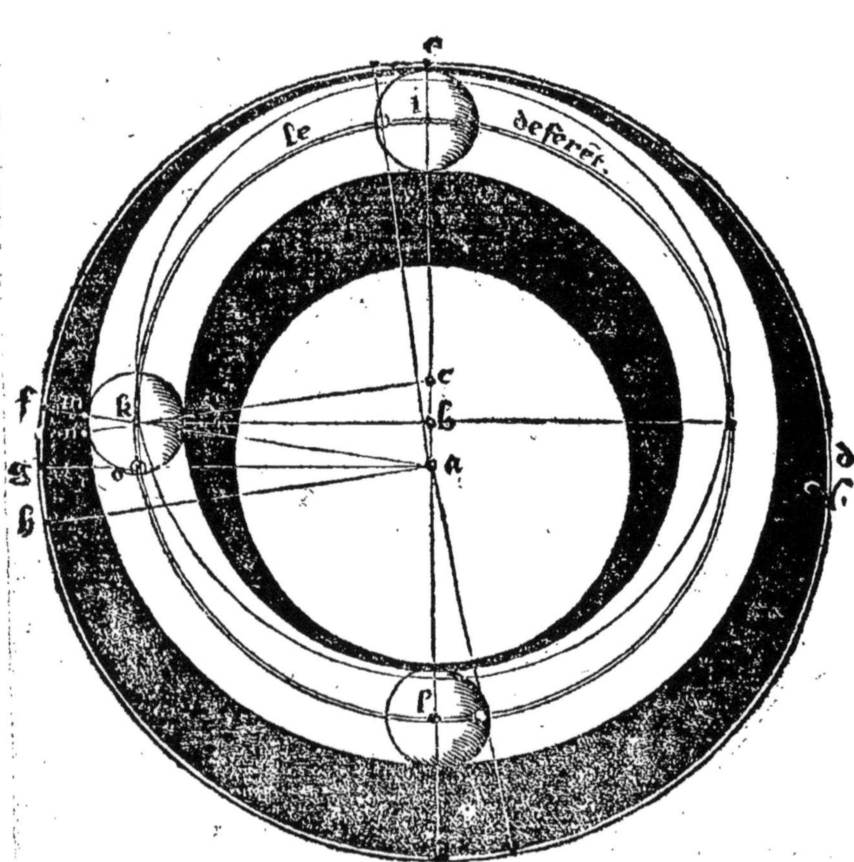

Tiercement faut noter, que la ligne droicte procedant du centre du monde, iusques au firmamẽt par le centre de l'epicycle, est dicte la ligne du vray mouuement de l'epicycle. comme demonstre la ligne A F. Dõt l'arc de l'eclyptique comprins entre le commencemẽt du signe dict Aries, iusques à ladicte ligne du vray mouuement de l'epicycle, est nommé le vray mouuement dudit epicycle: ainsi que represente l'arc D E F, de ladicte precedente figure, & tous autres semblables. L'arc consequemment de ladicte eclyptique, comprins depuis la ligne & poinct de l'auge deferent iusques à la ligne du moyẽ mouuemẽt de l'epicycle, est appellé le Centre moyẽ desdicts planetes: comme est l'arc E F H, de ladicte figure cy deuant mise, & tous semblables. Mais le vray centre desdicts planetes, est depuis ladicte ligne & poinct de l'auge du deferent, iusques à la ligne du vray mouuement de l'epicycle tousiours selon l'ordre des signes comme represente l'arc E F, de la figure dessusdicte. La difference du moyen au vray centre, c'est à dire l'arc de l'eclyptique comprins entre la ligne du moyen & du vray mouuement de l'epicycle, est dit l'equation du centre au zodiac : ainsi que demonstre l'arc F H, precedent. Laquelle equa-

Vray mouuement de l'epicycle des trois planetes superieurs.

Centre moyen & vray des planetes.

Equation du centre au zodiaque & quel lieu elle est grande ou nulle.

Collation des equations du centre auec leurs cercles.

tion est nulle, toutes & quantesfois que le cẽtre de l'epicycle est en l'auge ou opposite du deferent : comme au poinct I, ou L. Mais la plusgrande que puist aduenir, est quand ledit cẽtre de l'epicycle est en la moyẽne longitude de dextre ou senestre: comme a esté dit de l'equation du cẽtre en l'epicycle, cy dessus. Car il a telle proportion tousiours de l'equation du centre en l'epicycle, au regard de tout l'epicycle, comme de l'equation du centre au zodiac, au regard de tout le zodiac : pource que l'ãgle qui est causé des lignes de la moyẽne & vraye auge de l'epicycle, au centre dudict epicycle (omme l'angle M K N) est egal à l'angle qui font les lignes du moyẽ & vray mouuemẽt de l'epicycle, au centre du mõde (comme l'angle F A H) dont prouiennent lesdicts arcs des equations du centre, ainsi proportionez : comme il se voit en la figure precedente.

Ligne du vray lieu du planete: auec son vray mouuement au zodiaque.

La ligne consequemment du vray mouuemẽt, ou du vray lieu de planete, est tousiours produicte du centre du monde, par le centre du corps dudict planete, iusques au zodiac : cõme la ligne A O G, de la dessusdicte figure. Dont l'arc zodiac ou eclyptique, depuis le commencement d'Aries, iusques à ladicte ligne du vray mouuement, est appellé generalement le vray mouuement du planete : ainsi que represente l'arc D E G, de ladicte figure. L'arc du zodiac comprins entre la ligne du vray mouuement de l'epicycle, & la ligne du vray mouuement du planete, est dit l'equation de l'argument: comme est en la figure premise l'arc F G, & semblables. L'argument est double, c'est à sçauoir moyen & vray. Le moyen argument est l'arc de l'epicycle, selon l'ordre & succession du mouuement du planete audict epicycle, comprins depuis la moyenne auge, iusques au corps & centre du planete : comme l'arc N O, de la figure premise. Le vray argument est l'arc dudit epicycle, comprins depuis la vraye auge dudit epicycle, iusques au centre du corps dudit planete : selon ladicte succession de sondit mouuemēt: ainsi que denote l'arc M N O, de ladicte figure precedente. Dont il s'ensuit que selon l'augmentation du vray argument ladicte equation croist, & decroist, & en tient le nom. Parquoy le cētre du corps du planete estāt en la vraye auge de son epicycle, ou en son opposite, est nulle, comme a esté dit de la Lune, à cause que le vray argument est nul. Et la plusgrande que puisse aduenir, & quand le cētre de l'epicycle est en l'opposite de l'auge de son defe-

Argument moyen & vray du planete.

En quels lieux sont les equatiōs de l'argument grandes ou nulles.

rent:& auec le centre du corps du planete en la ligne qui est produicte du centre du monde, ioignant & touchant la circunference dudit epicycle. Côme l'on peut facilement imaginer, à cause que les lignes du vray mouuement de l'epicycle, & du planete, ont leur plusgrande ouuerture, pour la vicinité du centre de l'epicycle au centre du monde: dôt lesdictes lignes comprennent plusgrand arc au zodiac, qu'en quelconque autre lieu, ou disposition de l'epicycle.

De la regularité & irregularité du mouuement de l'epicycle des trois superieurs planetes: comme aussi de sa velocité & tardité.

Ces choses premises, pour reuenir à nostre propos, il faut entendre que le premier & principal mouuement de l'epicycle, est irregulier au regard du poinct de la vraye auge dudit epicycle:& regulier quant au poinct de sa moyenne auge, tout ainsi qu'il a esté dit de la Lune: tellement que le centre du corps du planete s'elongne regulierement de ladicte moyenne auge: en temps egaux descriuant semblables arcs, selon la succession dessusdicte. Dont il ensuit que la reuolution de l'epicycle est plus veloce par la moytié superieure du deferent, vers son auge, & plus tardiue par l'inferieure partie vers l'opposite de l'auge: Pource que la moyenne auge ensuit le mouuement du corps du planete par ladicte superieure partie, & par l'inferieure va au contraire:

contraire: comme aduient à la Lune.

En apres il faut presupposer & entendre, que le centre du corps de chascũ desdicts planetes, est au poinct de la moyẽne auge de l'epicycle, toutes & quantesfois qu'il est moyẽne coniunction dudit planete auec le Soleil: c'est à dire quand les lignes de leurs moyens mouuemens sont conioinctes en vn mesme poinct de l'eclyptique. Et demeure ledit planete autant de temps à faire sa reuolution enuiron le centre de son epicycle, comme il y a depuis vne moyenne coniunction dudit Soleil auec ledit planete, iusques à la prochaine & suiuante moyenne cõiunction d'iceux. En façon qu'en leur opposition moyenne, le cẽtre du corps du planete est en l'opposite de la moyẽne auge de son epicycle regulieremẽt. Dont il ensuit que le moyen argument du planete, & la moyenne elongation de luy & du Soleil: c'est à dire la distance qui est depuis la ligne du moyen mouuemẽt dudict planete, iusques à la ligne du moyen mouuement du Soleil, selon l'ordre des signes est tout vn quant en nombre de degrez: & qui a l'vn, a l'autre. Parquoy il est euident qu'en tirant le moyen mouuement du planete, du moyen mouuement du Soleil demeure necessairement le moyen argument dudit planete. Et

Temps de la reuolution de l'epicycle des trois superieurs planetes.

Moyen & methode d'extraire le moyen argument du planete.

consequemment, si l'on adiouste le moyen argument, & le moyen mouuement ensemble de chascun desdicts planetes, il faut qu'il en prouienne le moyen mouuement du Soleil. comme, posé le cas qu'en la figure cy dessoubz mise, A B C, soient les centres, comme dessus: D, le commencemẽt du signe d'Aries, & H, la moyenne auge de l'epicycle: imagine donc le planete estant au poinct H, la ligne du moyen mouuement du Soleil, estre auec la ligne du moyẽ mouuemẽt du planete A F, & le planete venant au point I, la ligne du moyen mouuement du Soleil vienne au poinct G, & soit A G, Ie veux dire qu'il y a autant de degrez & minutes depuis H, iusques à I, au regard de l'epicycle, comme depuis F, iusques à G, au regard de tout le zodiac. Parquoy en tirant l'arc D E F, de l'arc D E F G, il reste F G, semblable au moyen argument H I. Et en adioustant ledit arc H I, auec l'arc D E F, prouient en valeur D E F G, le moyẽ mouuement du Soleil, cõme l'on peust voir par la prochaine figure & demonstration.

Exẽple des choses precedentes, auec declaratiõ de la figure suiuante.

Theorique & figure pour l'inuention du moyen argument du planete.

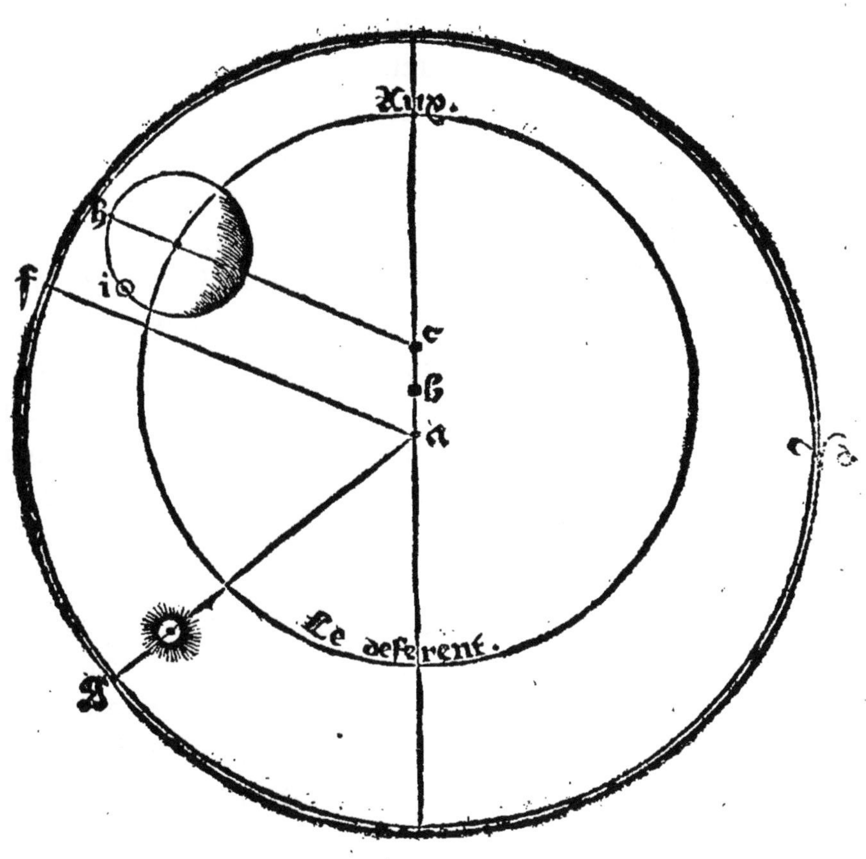

Il eſt pareillement euident des choſes deſſuſdictes, que d'autant que le centre de l'epicycle a plus tardif mouuement, tant plus eſt veloce la reuolution du planete, enuiron le centre de l'epicycle. La raiſon eſt, car la ligne du moyen mouuement du Soleil, en rencontre pluſtoſt celle du planete, & en aduiēt pluſtoſt leur moyenne coniunction: dont pour la ſimilitude deſſuſdicte, il faut que le planete face plus viſtement ſa reuolution.

Mouuement de la latitude de l'epicycle des trois ſuperieurs planetes.

Venant conſequemment au ſecond & latitudinal mouuement de l'epicycle de chacun des trois ſuperieurs planetes: il faut entendre que outre le mouuement deſſuſdict, l'epicycle decline partie ça, & partie la, ſelon la vraye auge dudit epicycle, de la ſuperfice de ſon deferent eccentrique, ſur vne ligne diametrale, paſſant par le centre & moyennes longitudes dudit epicycle, par maniere de titubation ou tremblement & non point reuolution complete. En telle ſorte & maniere que toutes & quantesfois que le centre de l'epicycle vient aux interſections dictes chef & queuë du Dragon, la vraye auge de l'epicycle, & ſon oppoſite ſont droictement au loing de la ſuperfice du deferent, & la ſuperfice de l'epicycle auec la ſuperfice de l'eclyptique. Et quand le centre dudit epicycle ſort hors leſdictes interſections, l'oppoſite de la vraye auge de l'epicycle, decline ſucceſſiuement de la ſuperfice du deferent & vers icelle partie vers laquelle decline la moitié du deferent, en laquelle pour lors entre ledit epicycle, & la vraye auge dudit epicycle decline proportionalement à la partie oppoſite, iuſques à ce que le centre de l'epicycle vienne au poinct du deferent plus declinant de l'ecliptique, moyen entre les deux interſections. Lors eſt la pluſgrande declination de ladicte vraye auge, & ſon oppoſite, qui puiſt auenir au regard du deferent. De ce moyen poinct dudict eccentrique, ladicte declination ſe diminuë ſucceſſiuement, iuſques à ce que le centre de l'epicycle vienne à l'autre & oppoſite interſection, en laquelle de rechef la ſuperfice de l'epicycle eſt auec celle de l'eclyptique : & la vraye auge de l'epicycle & ſon oppoſite, au droict de la ſuperfice du deferent. En façon que l'axe diametral, ſur lequel ſe faict ce dict mouuement eſt touſiours equidiſtant de la ſuperfice de l'eclyptique, tandis que le centre de l'epicycle eſt hors deſdictes interſections appellees chef & queuë du Dragon. Des choſes deſſuſdictes, il enſuit premierement, que l'axe diametral, ſur & enuiron

De la declinatiõ de l'auge de l'epicycle.

Cõſequences extraictes du precedent fort belles.

lequel ſe faict le principal & longitudinal mouuement de l'epicycle, eſt aucunesfois equidiſtant à celuy de l'eclyptique, & aucunesfois non : mais iamais n'eſt equidiſtant à celuy du deferent. Secondement il s'enſuit, que toutes & quantesfois que le centre de l'epicycle eſt hors les interſections dictes chef & queue du Dragõ, & le corps du planete en la ſuperieure partie de l'epicycle, que ledict planete eſt entre la ſuperfice de l'eclyptique & du deferent. Mais ledit planete eſtant en la partie inferieure dudit epicycle, ladicte ſuperfice du deferent eſt entre l'eclyptique & le corps du planete, dont la declination de l'vn, ſurmonte aucunesfois la declination de l'autre. Tiercement il s'enſuit, que les moyennes & vrayes auges de l'epicycle, ne ſont pas touſiours determinez par les lignes deſſuſdictes, qui paſſent par le centre de l'epicycle : mais ſont en la circunferẽce de la plaine ſuperfice de l'epicycle, laquelle couppe à droicts angles celle du deferent, au long de la ligne de la moyenne, & vraye auge de l'epicycle, chaſcune à par ſoy imaginee. Les latitudes qui ſont aux tables aſtronomiques, ſont calculees comme ſi l'epicycle eſtoit au poinct qui eſt moyen entre les deux

Des latitudes qui ſont aux tables aſtronomiques.

interfeẽtions, le plus declinant de l'eclyptique que tout autre poinct du deferent. A cause doncques de ce mouuement de l'epicycle dit proprement inclination, il faut imaginer vn orbe concentrique audict epicycle, au mouuement duquel aduient ladicte inclination, pour euiter naturel inconuenient.

Pratique & vsage de la Theorique des trois superieurs planetes.

Finalement pour venir à la cognoissance du vray lieu & mouuemẽt desdicts planetes, par le moyen des choses dessusdictes, il fault premierement auoir le moyen mouuement du planete, le mouuement de l'auge du deferent, par les tables & le moyen argument par la reigle cy deuant exprimee. Apres il faut tirer le mouuement de l'auge du moyen mouuement du planete, pour auoir le centre moyen. Par lequel moyen centre on prend l'equation du centre es tables, de laquelle equation on reduict le moyen centre & le moyen argument, & le moyen mouuement du planete, au vray, en ceste sorte. Si le centre moyen est moindre que six signes, qui aduiennent le centre de l'epicycle descendant en l'auge du deferent, vers son opposite, alors le moyen centre excede le vray, & le moyen mouuement du

Regle pour auoir le vray cẽtre & vray mouuemẽt de l'epicycle.

planete surmonte pareillement le vray mouuement de l'epicycle. Parquoy il faut soubtraire l'equation du centre au zodiac, au centre moyen, & du moyen mouuement du planete, pour auoir le vray centre & le vray mouuement de l'epicycle. Et quand ledict moyen centre a plus de six signes, c'est à dire quand le centre de l'epicycle remonte de l'opposite de l'auge du deferent, vers ladicte auge, il faut adiouster ladicte equation, pource que tout le contraire aduient des choses dessusdictes. Pour auoir le vray argument, il ne faut que adiouster l'equation du centre en l'epicycle, au moyen argument, quand on soubtraict ladicte equation au zodiac du moyen centre, & la soubtraire quand l'autre doit estre adioustee : en façon que l'vne soit soubtraicte quand l'autre est adioustee: pource que le moyen argument excede le vray, quand le vray centre excede le moyen : & au contraire, quand le vray argument excede le moyen, le moyen excede le vray proportionalement. Repetons pour exemple la penultime figure precedente, en laquelle A, soit le centre du monde, B, le centre du deferent H I K L, & C, le centre de l'equant, & le reste comme a esté dit dessus. L'epicycle doncques estant au poinct

Pour auoir le vray argument.

I, il faut soubtraire l'equation F G, du moyen centre E F G , & du moyen mouuement D E G, pour auoir le vray centre EF, & vray mouuement de l'epicycle D E F. Mais il conuient lors adiouster l'equation M N, au moyen argument N O, pour auoir le vray M N O. Et si l'epicycle est au poinct L, pour le vray centre EGF, ou le vray mouuement de l'epicycle D E G F, il conuient adiouster ladicte equation G F au moyen centre E G, ou moyen mouuement D E G, Mais pour auoir le vray argument M O, il conuient lors soubtraire l'equation M N, du moyen argument N M O. Et ainsi faut entendre des autres.

Exẽple des choses cy dessus declarees.

Figure & Theorique de l'inuention du vray centre & vray argument, comme außi du vray mouuement de l'epicycle.

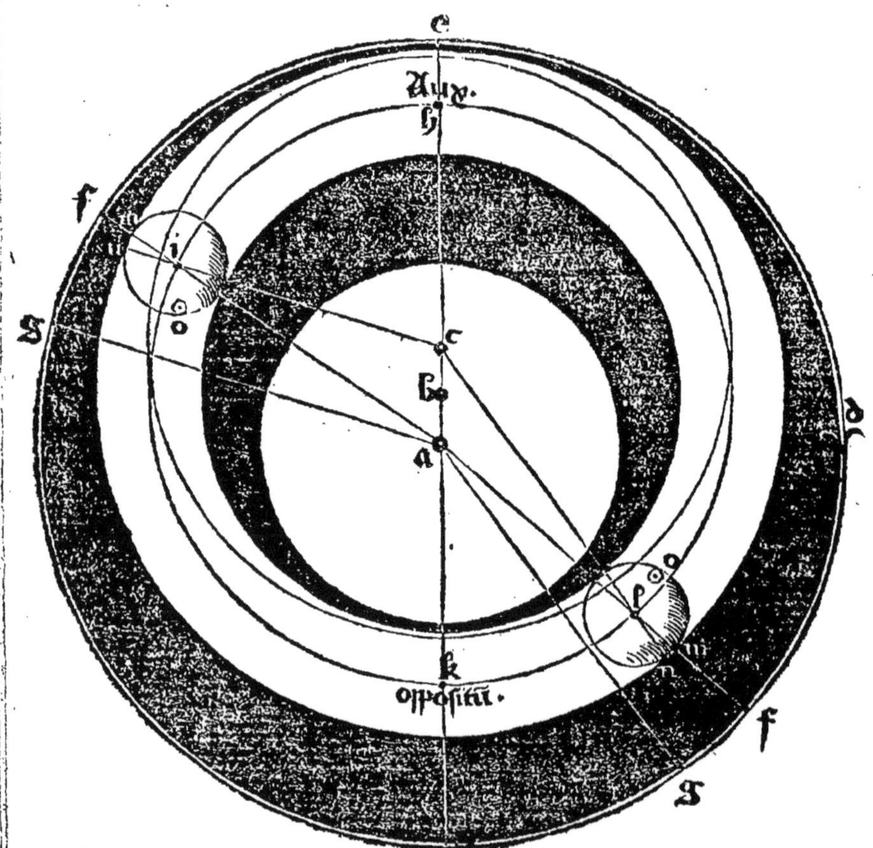

Finablement par le vray argument, on prẽd esdictes tables l'equation de l'argument. Et si ledict vray argument est moindre de six signes, la ligne du vray mouuement du planete precede la ligne du vray mouuement de l'epicycle, parquoy ladicte equation de l'argumẽt doit lors estre adioustée au vray mouuement de l'epicycle pour auoir le vray mouuement du planete. Et quand ledit vray argument excede six signes, il aduient le contraire dont conuient lors soubtraire ladicte equation en quelque part du deferent que soit l'epicycle. Soit pour plus euidente declaration resumée la figure precedente, auec l'epicycle estant au poinct I, & soit premierement le planete au poinct O: Pource donc que le vray argument M N O, est moindre que six signes, il faut adiouster l'equation FG, au vray mouuement de l'epicycle DEF. pour auoir le vray mouuemẽt du planete DEG. Et si ledit argument est plus grand que six signes, comme le planete estant au poinct P, lors il faut soubtraire l'equatiõ F L, du vray mouuement de l'epicycle D E F, pour auoir le vray mouuement du planete D E L, & ainsi des autres.

Regle finale pour auoir le vray mouuemẽt du planete.

Exẽple du propos precedent.

Theorique & demonstration finale pour l'inuention du vray mouuement du planete.

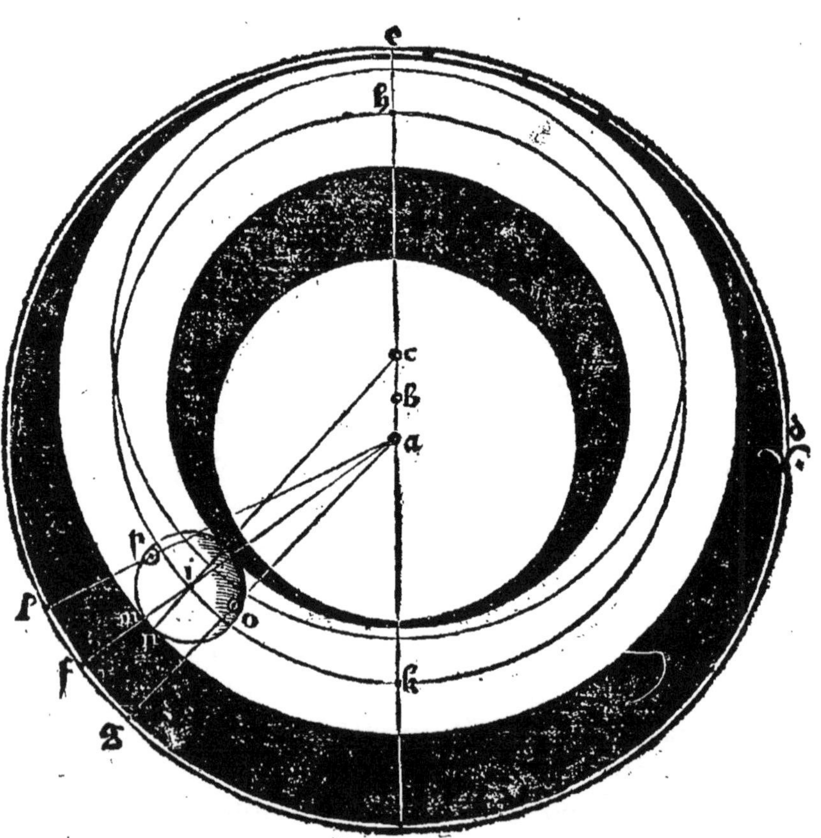

Pour auoir plus ample cognoissance des choses dessusdictes, il conuient noter que les equations de l'argument prouenantes d'vn mesme, ou semblables argumens, sont diuerses: A cause de la diuerse appropinquation du centre de l'epicycle vers le centre du monde, ainsi qu'il a esté dict cy deuant de la Lune. Les equations des argumens qui sont aux tables astronomiques, sont calculées l'epicycle estant en la moyenne longitude du deferent. Mais les equations de chacun argument, l'epicycle estant en l'opposite de l'auge du deferent, sont plus grandes que celles qui prouiennent des mesmes argumens, l'epicycle estant aux moyennes longitudes dudit deferent. Et ausdictes moyennes longitudes aduiennent plus grandes, qu'en l'auge d'iceluy deferent. Parquoy il a fallu mettre deux manieres de diuersitez du diametres, & deux manieres de minutes proportionales, pour iustifier lesdictes equations des argumens. Les differences doncques des equations qui prouiennent l'epicycle estant en l'opposite de l'auge du deferent, sur les equations que les mesmes argumens donnẽt aux moyẽnes lõgitudes, sont appellées les diuersitez du diametre prochaines, ou de la pl⁹ breue longitude. Mais les differences par les-

De la varieté de l'equation des argumens.

De l'equation des argumẽs qui est aux tables astronomiques.

Diuersitez du diametre prochaines & loingtaines.

quelles lesdictes equations des moyennes longitudes, surmontent celles qui prouiennent en l'auge du deferent des mesmes argumens, sont appellées les diuersitez du diametre loingtaines, ou de la plus longue longitude, pour discerner les vnes des autres. Et pource que la ligne qui procede du centre du mõde, iusques à l'auge du deferent, est plus longue que celle qui procede dudit centre iusques aux moyennes longitudes, la difference d'entre icelles diuisée en soixante parties egales, est appellée les minutes proportionales loingtaines, ou de la plus longue longite sur la moyenne. Pareillement la ligne qui procede du centre du monde ausdictes moyennes longitudes, excede celle qui du mesme centre viẽt iusques à l'opposite de l'auge dudit deferent, la difference d'icelle sur l'autre diuisée en soixante parties egales, sera nõmée les minutes proportionales prochaines, ou de la moyenne sur la plus breue & prochaine longitude. Comme lon peut veoir par l'exemple de la suiuante figure, en laquelle la ligne A D surmonte la ligne A E, par la partie D G, & ladicte ligne A E excede A F, de la partie E H, le residu est clair de soy.

Minutes proportionales loingtaines & prochaines.

Exemple.

Theorique & figure des minutes proportionales des trois planetes superieurs.

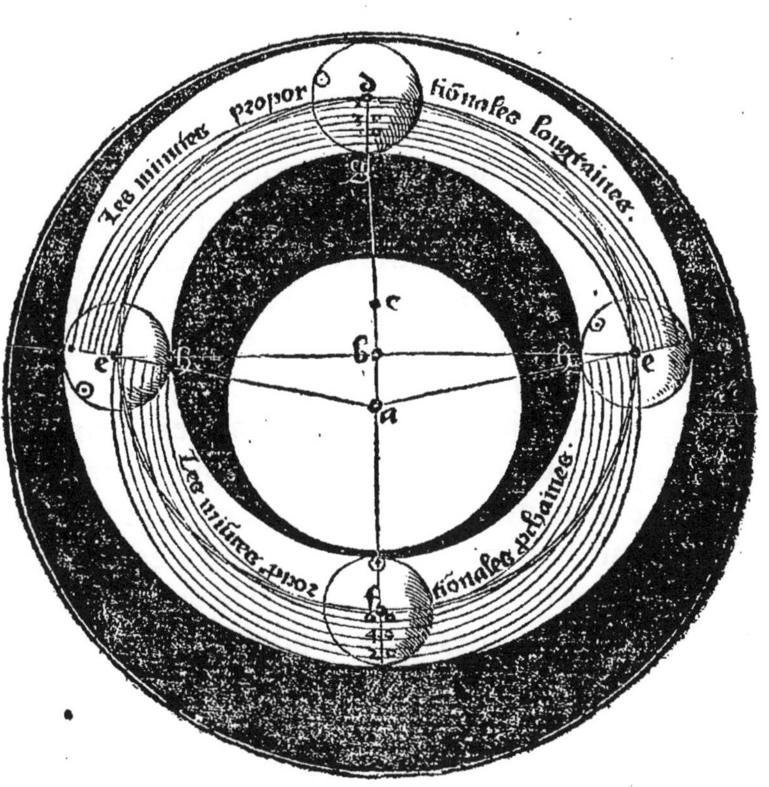

In s'ensuit donc que la ligne du vray mouuement de l'epicycle estant en l'auge du deferent, comme au poinct D, a toutes les minutes proportionales loingtaines dedans la circunference du deferent, & en l'opposite de l'auge, comme au poinct F, toutes les minutes proportionales prochaines dehors ladicte circunference. Mais l'epicycle estant aux moyennes longitudes, cõme aux poincts E, ladicte ligne du vray mouuement de l'epicycle a toutes les minutes proportionales loingtaines dehors, & toutes les prochaines dedans la circunference dudit deferent: & es autres lieux partie dedans, & partie dehors, selon la varieté du lieu de l'epicycle, entre lesdicts poincts, comme il appert clairement par la precedente figure. Doncques quand le centre de l'epicycle est aux moyennes longitudes, on prend les equations des argumens telles qu'elles sont: mais si le centre de l'epicycle est hors lesdicts poincts, par le centre verifié, on prend les minutes proportionales aux tables, & par le vray argument la diuersité du diametre, loingtaine ou prochaine, selon la denomination desdictes minutes proportionales. Et puis de ceste diuersité du diametre, il en faut prendre vne partie proportionale, selon la proportion desdictes

La pratique & vsage des minutes proportionales, & diuersité du diametre.

ctes minutes à soixante. Laquelle partie il faut adiouster à l'equation de l'argument trouuée es tables, si ladicte diuersité, & minutes proportionales sont prochaines: ou soubtraire de ladicte equation si la diuersité du diametre & minutes proportionales sont loingtaines, pour auoir l'equation de l'argument à la situation & lieu proposé de l'epicycle. De laquelle equation ainsi iustifiée il faut faire comme a esté dict cy dessus. Posé le cas pour exemple, que l'equation de l'argument trouuée soit de dix degrez, & les minutes proportionales douze, & la diuersité du diametre six degrez, Pose donc tes nombres ainsi, soixante, vint six, selon la reigle commune des proportions, & multiplie vingt par six, viendront cent & vingt, que tu partiras par soixante, resteront deux pour le quotient: ausquels deux, les six ont telle proportion que soixante à vingt. Cela fait, adiouste les deux aux dix degrez, & seront douze, si le centre de l'epicycle est entre l'auge, & les moyennes longitudes du deferent. Ou soubtrais lesdicts deux degrez de la partie proportionale, des dix degrez de l'equation trouuée, & resteront huit, qui seront l'equation qu'on demande, si le centre de l'epicycle est entre les

Exemple & pratique du precedent.

moyennes longitudes, & l'opposite de l'auge du deferent : & ainsi des autres. Il s'ensuit doncques que quand le centre de l'epicycle est en l'auge du deferent, que toute la diuersité du diametre se doit soubtraire, & quand il est en l'opposite de l'auge, ladicte equation doit entierement estre adioustée : à cause que toutes les minutes proportionales sont toutes dedans : ou toutes dehors la circunference du deferent : comme a esté dict & demonstré cy dessus. Et icy nous ferons fin à la Theorique de Saturne, Iupiter & Mars: lesquels on nomme les trois planetes superieurs.

Choses fort dignes de noter.

La Theorique de Venus & Mercure.

Brieue description des orbes de Venus, & de sõ auge.

Enus quant au nombre, situatiõ, & figure des orbes, & mouuemẽt longitudinal, est toute semblable à chascun des trois superieurs planetes, & n'y a autre difference, fors que l'auge du deferent est droictement soubs le mesme lieu du zodiac, soubs lequel est l'auge de l'eccentrique deferent du Soleil : tellement que le mouuement de l'auge du Soleil, est celuy de Venus, & qui a l'vn a l'autre sans difference.

La seconde difference de Venus enuers les

trois superieurs est, que le deferent de son epicycle a deux mouuemens, le premier est le principal mouuement au long de l'ecliptique, regulierement sur le centre de l'equant, tout ainsi qu'a l'vn des trois superieurs. Fors que le centre de l'epicycle met autant de temps à faire sa reuolution, comme la ligne du moyen mouuement du Soleil. Et auec ce la ligne du moyen mouuement de Venus est tousiours soubs vn mesme lieu du zodiac auec celle du Soleil, en façon qu'il est tousiours moyenne coniunction du Soleil, & de Venus Parquoy le moyen mouuemẽt du Soleil sert pour le moyen mouuement de Venus, & qui a l'vn a l'autre, sans aucune difference, pour la communication dessusdicte. Du second mouuement nous parlerons en celuy de Mercure, auquel il est semblable.

Mouuemẽt du deferent l'epicycle de Venus, selon la lõgitude de l'eclyptique.

La tierce difference par laquelle Venus ne communique auec les trois superieurs, est le mouuement de l'epicycle. Car l'epicycle de Venus a trois mouuemens Le principal est semblable au mouuemẽs de l'epicycle de l'vn des trois superieurs, fors que le centre du corps de Venus paracheue sa reuolution enuiron le centre dudit epicycle en dix & neuf mois solaires, sans auoir egard au Soleil, comme les trois superieurs.

Du mouuement de l'epicycle de Venus.

Le demeurant est tout semblable aux trois superieurs, en tout ce principalement qui concerne les termes & practique d'iceux, & mouuemens faicts au long de l'ecliptique. Le reste tant pour l'epicycle, que pour son deferent sera declairé auec Mercure, en son propre lieu, à cause de la communication qui est entre iceux.

Communication de la Theorique de Venus auec les autres.

Mercure est quasi du tout different & particulier aux trois superieurs & à Venus: pour la diuersité & ingenieuse excogitation de son mouuement. Car Mercure a cinq orbes, auec l'epicycle, dont il en y a quatre difformes, & vn vniforme. Premierement sont les deux extremes, dont la concaue superfice de l'inferieur est moindre de tous, auec la conuexe superfice du superieur, ont vn mesme centre auec le centre du monde, comme est le centre A, de la suiuante figure: Mais la conuexe superfice dudit inferieur, & la concaue du superieur ont vn mesme centre hors du centre du monde, sur le centre de l'equant, autant distant du centre dudit equant (comme est B de ladicte figure) que ledit centre de l'equant est loing au centre du monde: ainsi que represente le poinct C, de ladicte suiuante figure: & sont appellez lesdicts orbes extremes, les deferens de l'auge de l'equant. Le mou-

Descriptiõ des diuers orbes de Mercure.

Mouuemẽt du deferent des auges de l'equãt.

uement desquels se fait sur & enuiron l'axe du zodiac, par telle velocité ou quãtité, qu'est le mouuement des estoilles fixes: cõme a esté dict des deferens de l'auge du Soleil, & des trois superieurs planetes, & Venus.

Entre ces deux extremes orbes, sont encores deux autres difformes, comprenans entre eux le cinquiesme orbe vniforme deferent de l'epicycle: desquels orbes, la conuexe superfice du superieur, & la concaue de l'inferieur, ont vn mesme centre qui est le centre dessusdict: des interieurs superfices, des deux orbes extremes: cest à sçauoir le poinct C de ladicte figure qui s'ensuit. Mais la concaue superfice du superieur, & la conuexe de l'inferieur, auec les deux superfices du moyen vniforme dessusdit, ont encore vn autre centre, lequel est mobile, comme celuy de la Lune, & s'appelle proprement le centre de l'eccentrique deferent de l'epicycle: ainsi que represente le poinct G, de ladicte figure suiuante, & sont appellez ces deux moyens orbes difformes, les deferens de l'auge de l'eccentrique deferent de l'epicycle. Lesquels ont leur mouuement sur l'axe diametral qui passe par le centre dessusdit des eccentriques superfices des quatre orbes difformes, comme par le poinct C, contre

Des deux orbes difformes de Mercure entre moyens, portans l'auge de l'eccentrique.

Mouuemẽt du deferent l'auge de l'eccentrique portãt l'epicycle.

l'ordre & ſucceſſion des ſignes, comme ceux de la Lune : faiſans regulierement leur reuolution en telle eſpace de temps, que la ligne du moyen mouuement du Soleil. Dont il s'enſuit qu'au mouuemēt deſſuſdit, le centre de l'eccentrique deferent, de l'epicycle, comme repreſente le poinct D, deſcript en ſemblable eſpace de temps, regulierement, enuiron le centre commun aux deux ſuperfices des deux extremes & moyens orbes difformes, comme eſt C, vn petit cercle, duquel la circunference paſſe par le centre de l'equant: pour autant que le ſemidiametre dudit petit cercle eſt egal à la diſtance qui eſt entre le centre dudit equant, & le centre du monde: ainſi qu'il appert par ceſte figure.

Du petit cercle de Mercure.

Theorique des orbes, centres, auges, & deferens de Mercure.

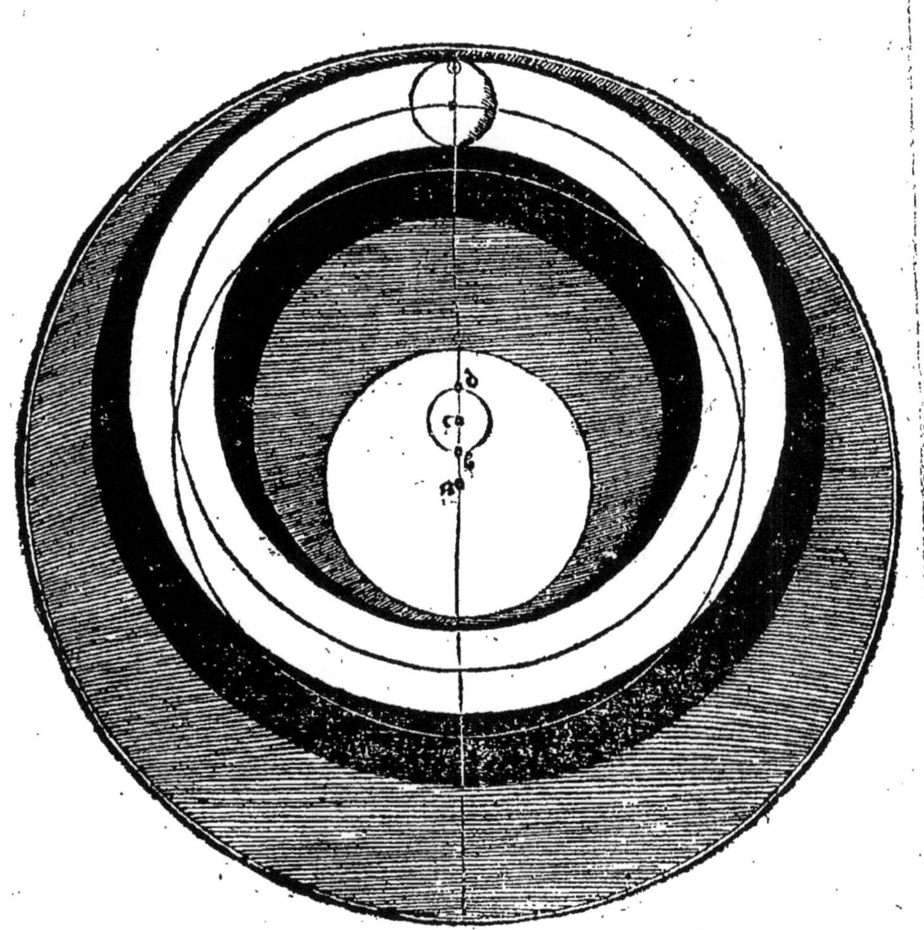

Du mouuement du deferent de l'epicycle.

Le cinquiesme & moyen orbe vniforme, deferent de l'epicycle, a deux mouuemens, comme celuy de Venus. Le premier & principal est au long de l'ecliptique, selon l'ordre des signes, portant le centre de l'epicycle regulierement sur le centre de l'equant: lequel est tousiours entre le centre du monde, & le centre du petit cercle dessusdict. En façon & maniere que le centre dudit epicycle paracheue sa reuolution en autant de temps & espace que la ligne du moyen mouuement du Soleil: ainsi que Venus fait. Tellement que le moyen mouuement du Soleil, est aussi le moyen mouuement de Venus, & dudit Mercure. Et faut ce nonobstãt imaginer que l'axe diametral dudit deferent, sur & enuiron lequel est faict ledit mouuement, est totalement mobile: à cause que le centre dudit deferent est mobile pour raison du mouuement des deux orbes difformes moyens: comme a esté dict cy dessus, en la description desdicts orbes. Dont il s'ensuit des choses dessusdictes, que tous les six planetes ont cõmunication auec le mouuement du Soleil: quant à leurs mouuemens: lesquels presupposent ledit mouuement du Soleil: comme leur regulier directoire: ainsi qu'il a esté dict cy dessus. Il s'ensuit aussi pour cause de la con

Moyẽ mouuement de Mercure.

Tous planetes auoir communication auec le mouuement du Soleil.

trarieté, & mesme velocité du mouuement des deux deferens de l'auge de l'eccentrique, & dudict eccentrique deferent de l'epicycle, que le centre dudict epicycle passe en vn an deux fois les deux orbes difformes moyens deferens de l'auge de l'eccentrique, tout ainsi que le centre de l'epicycle de la Lune, passe deux fois en vn mois les deferens de l'auge de sondit eccentrique : comme il a esté dit en sa Theorique. Tiercement il ensuit, que non obstant que le centre de l'epicycle de la Lune soit deux fois en vn mois en l'auge de son eccentrique, & deux fois en son opposite : ce neantmoins le cẽtre de l'epicycle dudit Mercure n'est en vn an qu'vne fois en l'auge de son deferent eccentrique, & vne fois en son opposite. Pource que le centre dudit deferẽt de l'epicycle, n'enuironne point le centre du monde, en descriuant le petit cercle, comme fait celuy de la Lune: parquoy l'auge du deferent de l'epicycle dudit Mercure, ne faict iamais complete reuolution enuiron ce centre du monde, comme il aduient en la Lune: mais descript certain arc deça, & de la l'auge de l'equant, en partie selon l'ordre des signes, & en partie contre iceluy par maniere de titubation alant & retournant vers l'auge dudit equant, tant d'vn costé que d'autre: descri-

Chose fort digne de noter.

Du mouuement de l'auge du deferent l'epicycle de Mercure.

uant certain arc soubz le zodiac qui est limité & comprins par deux lignes procedans du centre du monde, & touchans le petit cercle dessusdict : de sorte que ladicte auge & son opposite ne passent iamais lesdictes lignes. Et tout cecy aduiēt pource que la ligne de l'auge du deferent de l'epicycle, passe tousiours par le centre dudit deferent, & ledit cētre du deferent est circūduit hors le centre du mō-de au mouuement des deux orbes difformes moyens dessusdicts.

Discours du mouuement, tant des auges que du cētre deferēt l'epicycle de Mercure.

Et pour plus amplement & clairement entendre les choses dessusdictes & ce qui s'ensuit, & concerne la difficulté de la Theorique & practique des mouuemens dudit Mercure, il faut premierement noter que toutes & quantesfois que le centre de l'epicycle est en l'auge du deferent, il est aussi en l'auge de l'equāt, & le cētre dudit deferēt en l'auge du petit cercle que ledit centre descrit, à cause des mouuemens ainsi proportionnez. Et alors lesdictes auges & opposites sont en vne mesme ligne, & le centre de l'epicycle est en la plusgrande distance qu'il puist auoir du centre du monde, & auec le centre du deferent de l'epicycle, est deux fois plus long du centre de l'equāt, que le centre dudit equant du centre du monde. Comme il appert par ceste figure, en laquelle A, represente le centre du monde, B, le centre de l'equant, C, le centre du petit cercle, & D, le centre du deferent de l'epicycle, estant au poinct G, en l'auge dudit deferent dessus l'auge de l'equant E: tellemẽt que l'auge dudit equant E F, & du deferent G H, sont en vne mesme & droicte ligne G D A F, comme demonstre la figure prochaine.

Exemples des choses cy deuant escrites.

Figure & demonstration des mouuements tant des auges que du centre deferent l'epicycle de Mercure.

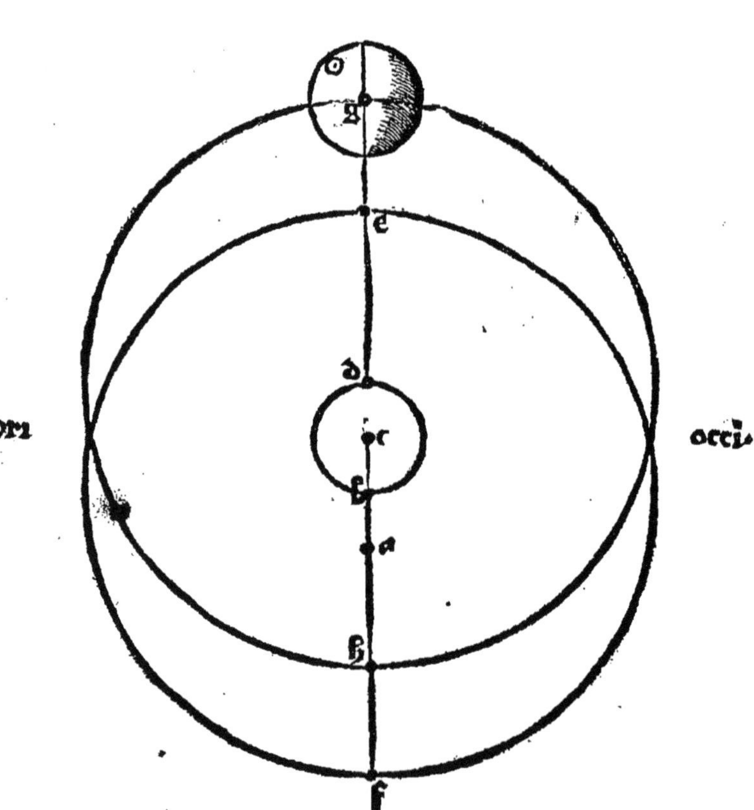

Apres cela il faut noter, que quand le centre du deferent de l'epicycle au mouuement des deux moyens orbes difformes, vient de l'auge du petit cercle, qu'il descript vers Occident le centre de l'epicycle, au mouuement de sondit deferẽt, s'en va par distãce proportionnee de l'auge de l'equant vers Orient, tellement que le centre dudit deferent de l'epicycle, s'approche successiuement du centre du monde, & l'auge dudit deferẽt s'elongne de l'auge de l'equant proportionalemẽt vers occident, iusques à ce que ledit centre du deferent soit en la ligne occidẽtale, qui touche ledit petit cercle: ce qui aduient en la distance de quatre signes de l'auge dudit petit cercle: & le centre de l'epicycle estant elongné de l'auge de l'equant vers Orient par quatre signes aussi, pour la dessusdicte conformité des mouuemens. Lors en telle situation dudit epicycle, & centre de son deferent, l'auge dudit deferent sera en la plusgrande elongation qu'elle puisse auoir de l'auge de l'equãt, vers Occident: & le centre de l'epicycle, sera en la plus prochaine voysine approximation qu'il puist auoir du centre du monde, vers Orient: Combien qu'il ne soit point en l'opposite de l'auge dudit deferent, ne en ladicte ligne touchãt ledit cercle: car ladicte ligne &

Discours fort singulier des precédés mouuemens de Mercure.

Choses dignes de cõsideration.

opposite de l'auge dudit deferent, seront lors entre le cẽtre dudict epicycle & l'auge de l'equant. Comme demonstre la suiuante figure, en laquelle les centres, & cercles sont cõme dessus a esté dit, fors que le centre du deferent est venu depuis D, iusques à K, & l'auge dudit deferent depuis G, iusques à I, & son opposite depuis H, iusques à L, & le centre de l'epicycle iusques au poinct M.

Exẽple du precedent.

Figure demonstrant les choses icy deuant escriptes.

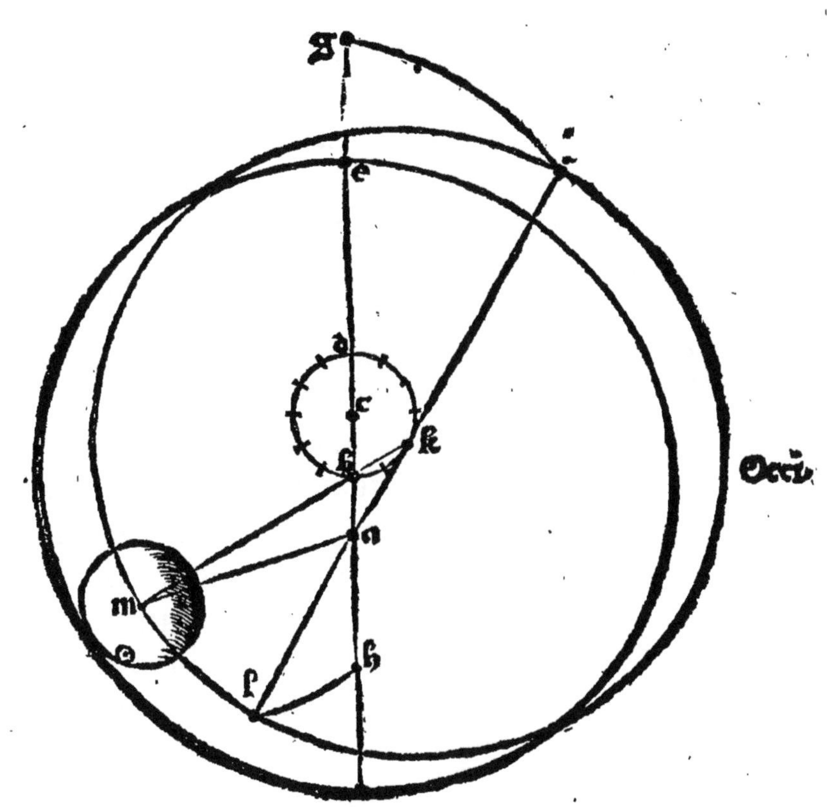

Autre discours des precedens mouuemēs du centre deferent & epicycle.

Consequēment le centre du deferēt de l'epicycle descendant vers le centre de l'equāt, l'auge dudit deferent s'en retourne successiuement vers l'auge de l'equant, & le cētre de l'epicycle s'en va de l'autre costé proportionalement vers l'opposite de l'auge de l'equāt, en s'elongnant du centre du monde, plus qu'il n'estoit en la situation cy deuant exprimee. Et quand le centre du deferent viendra auec le centre de l'equant, tellement qu'ils seront en vn mesme poinct, lors l'auge du deferēt de l'epicycle, sera ensemble auec l'auge de l'equant, & le centre de l'epicycle en l'opposite de l'auge tant du deferent que dudict equant. Et serōt lesdicts cercles eccentriques du deferent & equant dessusdict vn mesme cercle, pource qu'on les met d'vne mesme grandeur. Et le cētre de l'epicycle sera beaucoup plus loing du centre du monde, qu'il n'estoit en la situation dessusdicte comme au point M. Ainsi qu'on peust clairement veoir par ceste figure suiuante laquelle n'a besoing de plus ample declaration.

Propos dignes de grande obseruation.

Autre demonstration des mouuements du centre deferent & epicycle de Mercure.

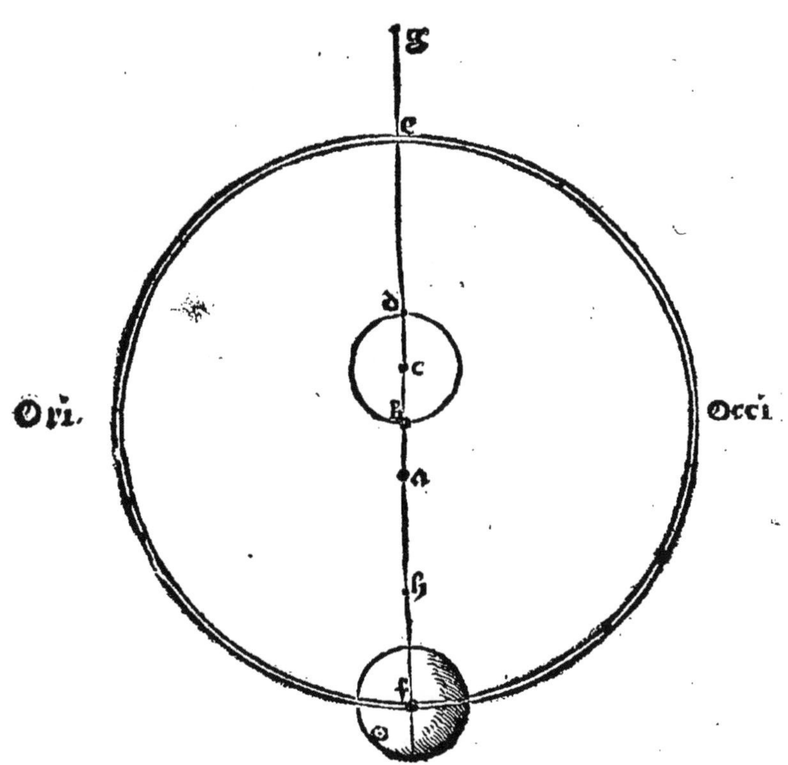

Autre discours des mouuemēs precedens.

Depuis que le centre du deferent de l'epicycle s'en va en remontant par son petit cercle hors le centre de l'equant, le centre de l'epicycle s'en va de l'autre costé hors l'opposite de l'auge dudit equant & de son deferent, s'approchāt successiuemēt du centre du mōde. Mais l'auge du deferent s'elōgne de l'auge de l'equāt proportionalement vers Oriēt, iusques à ce que le centre du deferent vienne sur la ligne orientale, qui touche pareillemēt ledit petit cercle, & sur le poinct d'iceluy petit cercle, distant pareillemēt de son auge par quatre signes vers ledit Oriēt. Lors l'auge du deferent sera de rechef au plusgrand elōgnemēt qu'elle puist auoir de l'auge dudit equāt vers Orient, & le centre de l'epicycle sera pareillement vers Occidēt en la plus voisine & prochaine distāce du centre du monde, qu'il puist auoir. Combien qu'il ne soit en la ligne dessusdicte n'en l'opposite de l'auge du deferent. Comme ceste figure prochaine & suiuante demōstre : en laquelle tout est comme aux precedentes, fors que le centre du deferent est venu depuis B, iusques à O : & l'auge dudit deferent depuis E, iusques à N : & le cētre de l'epicycle du poinct F, iusques au point Q : entre lesquels est l'opposite de l'auge dudit deferent, venu dudit F, au poinct P.

Exemple des choses susdites.

Autre demonstration des mouuements precedents de Mercure.

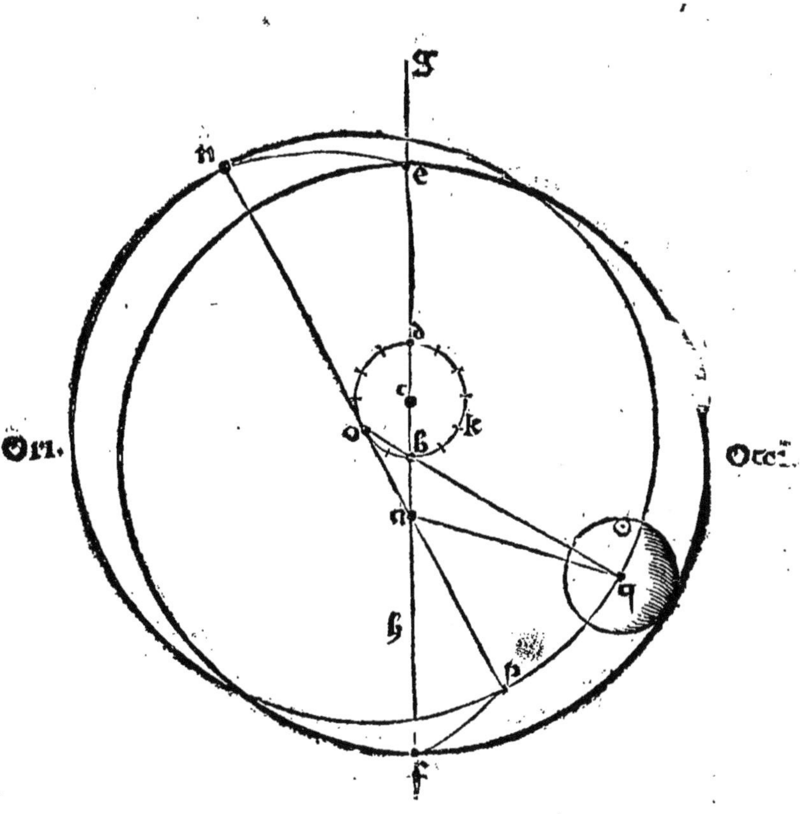

Dernier discours des precedens mouuemẽs de Mercure.

Du lieu dessusdict, le centre du deferent de l'epicycle remõte vers l'auge du petit cercle, & l'auge du deferent s'en retourne vers l'auge de l'equant, & le centre de l'epicycle se elongne du centre du monde plus qu'il n'estoit parauant, approchant successiuemẽt de l'auge dudit equant & de son deferent. Et quand le centre dudit deferent sera paruenu en l'auge dudit petit cercle, l'auge du deferẽt sera auec celle de l'equant, & le centre de l'epicycle auec elles, en la plusgrande remotion qu'il puist estre du centre du monde, comme deuant. Depuis recommence le discours pareil au precedent, & semblable mutation de mouuemens que dessus.

Conclusion fort bonne tiree des discours precedens.

Des choses dessusdictes, il ensuit premierement que le centre du deferent de l'epicycle n'est qu'vne fois en l'an auec le centre de l'equant, qui n'est que par vn instant, & tout le residu de l'an ledit centre dudit deferent est tousiours hors le centre dudict equãt, & plus loing du centre du monde que luy. Au contraire des trois superieurs & de Venus. Parquoy s'ensuit aussi le cõtraire : c'est que d'autant que le centre de l'epicycle est plus prochain de l'auge de l'equant, son mouuement est plus veloce & hastif : & d'autant plus tardif, que ledit centre de l'epicycle est prochain de l'opposite de l'auge dudit equant. Secondement il s'ensuit, que nonobstant que le centre de l'epicycle ne soit en la plusgrande distãce qu'il puist auoir du centre du mõde, qu'vne fois en l'an, il est toutesfois en la plus voisine approximation dudit centre du monde qui luy puist aduenir, deux fois audit an, comme a esté demonstré cy deuãt. Combien que ledit centre de l'epicycle ne soit qu'vne fois en l'opposite de l'auge de son deferent durant ledit an. Tiercement il est euident des choses dessusdictes, que toutes & quantesfois que le cẽtre de l'epicycle est hors l'auge de l'equant ou son opposite, l'opposite de l'auge du deferent est tousiours entre l'opposite de l'auge dudit equant & le centre de l'epicycle, approchãt aucunesfois de l'vn, & aucunesfois de l'autre. Comme l'on peust veoir par les figures precedentes.

Autre conclusion & consequẽce.

Tierce conclusion & consequẽce.

Quartement il ensuit, que tout ainsi que l'auge du deferent decline ça, & la, de l'auge de l'equant sans exceder ses limites determinez par les deux lignes dessusdictes touchant le petit cercle : Ainsi faict l'opposite de l'auge dudit deferent, au regard de l'opposite de l'auge de l'equant. L'arc toutesfois que descript l'auge dudit deferent, est plugrand que celuy lequel descript son opposite : dont son

Quarte cõclusion & consequẽce.

mouuement en est necessairement plus hatif : veu que tous deux font leur arc en vn mesme temps, c'est à sçauoir dedans vn an.

Cinquiesme conclusion & cōsequence.

Outreplus il ensuit, que nonobstant que le centre de l'epicycle vienne au poinct de son deferent, qui est plus distant du centre du monde qui puist estre, toutesfois ledit centre de l'epicycle ne vient iamais au poinct dudit deferent plus prochain dudit centre du monde : Car ainsi qu'il a esté monstré cy dessus, quand le centre de l'epicycle est en l'auge de l'eccentrique, lors ensuit que l'opposite de l'auge dudict deferent est ledict poinct plus prochain. Mais ledict epicycle pour lors est en l'auge, comme a esté dit, & poinct opposite dudict plusprochain & voysin poinct du centre du monde.

Sixiesme consequence & conclusion.

Finalement il ensuit, que le centre de l'epicycle ne descript pas vne circulaire figure comme des autres planetes : mais vne figure ouale, ou bien lenticulaire & irreguliere, comme l'on peust veoir par la figure cy apres mise pour les minutes proportionales dudit Mercure: car le centre de l'epicycle entre dedans la circunference de l'equant enuiron les moiēnes longitudes : dont la distance est moindre que le diametre dudict equant. Et puis que le centre dudict epicycle vient en l'auge du deferent, ſur l'auge de l'equant ſelon le diametre du petit cercle, & puis vient en l'oppoſite de l'auge dudit equant, la longueur de ladicte figure eſt pluſlongue que le diametre dudit equant.

Ces choſes ainſi clairement expoſees touchant le mouuement longitudinal du deferent de l'epicycle, tant de Venus que de Mercure, Il eſt expedient declarer le ſecond mouuement du deferent de chaſcun d'iceux enſemble: qui ſe faict par maniere de deuiation de leur circunference & plaine ſuperfice, au regard de la plaine ſuperfice de l'eclyptique. Car la ſuperfice du deferent de l'epicycle, autant de l'vn comme de l'autre, s'eſlongne de la plaine ſuperfice de l'eclyptique, declinant aucunesfois vers Midy, & aucunesfois vers Septentrion, ſur la ligne diametrale qui eſt au loing de l'interſection deſdictes ſuperfices, & paſſe par les ſections appellees chef & queuë du Dragon: diſtans de l'auge de l'equant par nonante degrez de chaſcun coſté, Lequel mouuement eſt tellement proportionné au mouuement du centre de l'epicycle, que toutes & quantesfois que le centre de l'epicycle eſt en aucune deſdictes interſections dictes chef & queuë du Dragon, toute la ſu-

Du mouuement de latitude de Venus & Mercure.

Choſe digne de noter.

perfice du deferent eſt ioinĉte auec celle de l'eclyptique, ſans aucune deuiation. Mais tout auſſi toſt que le centre de l'epicycle laiſſe leſdiĉtes interſeĉtions, la ſuperfice du deferent commence à ſoy deuoyer & incliner, ou ſeparer de celle de l'eclyptique. En telle maniere, que la moytié en laquelle entre l'epicycle de Venus, decline vers Septentrion : & la moytié en laquelle entre l'epicycle de Mercure decline vers midy regulierement. Laquelle diuiation ſe augmente ſucceſſiuement, iuſques à ce que le centre de l'epicycle vienne en l'auge, ou ſon oppoſite du deferent. Alors le deferent deſſuſdiĉt eſt en ſa pluſgrande deuiation, c'eſt à ſçauoir en Venus de dixſept minutes, & en Mercure de quarante cinq. Laquelle deuiation ſe diminuë ſucceſſiuement, iuſques à ce que le centre de l'epicycle vienne en l'autre, & oppoſite interſeĉtion : & alors la deuiation de rechef eſt nulle. Et puis aduient comme deuant a eſté dit, en declinant vers la partie oppoſite.

Des deuiations ou biẽ deuoyemẽs de Venus & Mercure.

Conſequẽces & concluſions extraiĉtes du precedent.

Dont il enſuit premieremẽt, que tout ainſi que l'epicycle de Ven9 ne decline iamais vers la partie meridionale, auſſi l'epicycle de Mercure neviẽt iamais ou decline vers Septẽtriõ. Pource que ledit epicycle entre touſiours en la partie declinante : comme a esté dict cy dessus. Il s'ensuit aussi, que la reuolution du centre de l'epicycle en son deferent, est proportionée à ladicte deuiation du deferent tant de l'vn comme de l'autre, à cause de la conformité & respondence dessusdicte. Tiercement il ensuit, que l'axe diametral & poles, sur & enuiron lesquels se fait le principal & longitudinal mouuement du deferent de l'epicycle, s'approchent & eslongnent des poles & axe de l'ecliptique : à cause de ladicte deuiation du deferent. Outre plus il n'aduient pas à Venus ne Mercure, ce qui a esté dict des trois planetes superieurs, desquels l'auge ne passe iamais l'eccliptique : car ainsi qu'il appert par les choses dessusdictes, l'auge du deferent tant de Venus que de Mercure, vient aucunesfois vers septentrion, & aucunesfois vers midy. Finablement à cause de ladicte deuiation, pour euiter les inconueniens reprouuez par naturelle philosophie, il conuient mettre sur chacun desdicts deferens, vn orbe vniforme, concentrique audit deferent, au mouuement duquel aduienne la deuiation, ou titubation dessusdicte.

Seconde cõsequence.

Tierce.

Quarte.

Quinte.

L'epicycle de Mercure a trois mouuemens, cõme celuy de Venus: desquels le premier &

Du mouuement de l'epicycle de Mercure. principal mouuement se fait tout ainsi que celuy des trois superieurs & de Venus : fors que le centre du corps de Mercure parfaict sa reuolution enuiron le centre de l'epicycle, au temps & espace de quatre mois solaires regulierement.

Mouuemẽt de l'inclination de l'epicycle, tant en Venus qu'en Mercure. Le second mouuement de l'epicycle tant de Venus comme de Mercure, est dict inclination, tout semblable à celuy de l'epicycle des trois superieurs. Laquelle inclination se fait au regard du diametre de la vraye auge, & de son opposite de l'epicycle, sur le diametre trauersant par le centre dudit epicycle, & moyennes longitudes: tellement que la vraye auge de l'epicycle decline vers septentriõ, & son opposite vers midy, & puis au contraire de la circunference du deferent de l'epicycle. Laquelle inclination est tellement proportionnée au mouuement du centre de l'epicycle, que toute & quantes fois que le centre de l'epicicle est en l'auge de l'equant, ladicte inclination est nulle, de sorte que le diametre de la vraye auge de l'epicycle est au long & droict du deferent, & en vne mesme superfice. Et quand le centre de l'epicycle s'en va hors l'auge dudit equant, la vraye auge de l'epicycle de Venus decline successiuement vers septentrion, & la vraye auge de l'epicycle de

Comparaison & collation fort propre.

Mercure vers midy, & leurs oppositès aux parties opposites. Laquelle inclination croist tousiours iusques à ce que le centre de l'epicycle vienne à l'interfection dicte queuë du Dragon: distant de l'auge de l'equant par nonante degrez selon l'ordre des signes. Alors ladicte vraye auge est en sa plus grande inclination laquelle inclination se diminue, puis apres successiuement iusques à ce que le centre de l'epicycle vienne à l'opposite de l'auge dudit equant: auquel lieu de rechef ladicte inclination est nulle, & le diametre de la vraye auge au long & droict de la superfice du deferent. Finablement le centre de l'epicycle tirant de ce lieu vers l'autre interfection dicte chef du Dragon, la vraye auge de l'epicycle de Venus commence decliner vers midy, & celle de Mercure vers septentrion, & leurs opposites vers les parties opposites. Laquelle inclination croist successiuement iusques à ce que le centre de l'epicycle vienne en l'autre interfection dicte queuë du Dragon, ou de rechef ladicte inclination & deuiation est la plus grande qui puist aduenir: laquelle decroist successiuement, iusques à l'auge de l'equant. Et puis reuient la disposition telle que dessus, & mesme discours ia declairé. Dont il est euident, que toutes & quantes fois que

Des inclinations de Venus & Mercure.

Ou se faict la plus grãde deuiatiõ de Venus & Mercure.

le deferent est en sa plus grande deuiation, ledit epicycle n'a point d'inclination, & quand ladicte inclination de l'epicycle est la plus grande, la deuiation de l'epicycle est nulle.

Mouuemẽt de reflexiõ de l'epicycle de Venus & Mercure.

Secondement, l'epicycle des planetes dessusdicts a vn autre mouuement appellé reflexion: laquelle se fait au regard du diametre de moyennes longitudes de l'epicycle, sur & enuiron le diametre de la vraye auge & son opposite de l'epicycle, tellement que la partie dextre de l'epicycle fait sa reflexion vers vne partie, & la senestre vers l'autre. Lon appelle la senestre celle qui s'ensuit apres la vraye auge selon l'ordre des signes dudit epicycle: & l'autre est dicte la dextre, qui precede ladicte vraye auge. Et faut noter que ladicte reflexion est tellement proportionnée au mouuement du centre de l'epicycle, que toutes & quantes fois que le centre de l'epicycle est en l'intersection nommée chef du Dragon precedent l'auge du deferent par nonante degrez contre la succession des signes; ladicte reflexion est nulle, tellement que lesdictes moyennes longitudes sont en la mesme superfice du deferent. Quand le centre de l'epicycle est hors ladicte intersection, & vient en l'auge de l'equant, la senestre & orientale moitié du diametre des-

Comparaison du mouuement de reflexion, auec le mouuement du centre de l'epicycle.

dictes moyennes longitudes de l'epicycle de Venus fait sa reflexion vers septentrion, & celle de Mercure vers midy, & l'autre moitié dudit diamatre vers la partie opposite. Et croist ladicte reflexion, iusques à ce que le centre de l'epicycle soit en l'auge dudit equant, où eschet la plus grande reflexion qui puist estre. Laquelle decroist proportionalement iusques à ce que le centre de l'epicycle soit venu en l'autre & opposite intersection, où de rechef ladicte reflexion est nulle. Consequemment le centre de l'epicycle venant de ladicte section dicte queuë du Dragon, vers l'opposite de l'auge dudit equāt la dessusdicte moitié senestre du diametre des moyennes longitudes de l'epicycle de Venus fait sa reflexion vers midy, & de l'epicycle de Mercure vers septentrion. Laquelle reflexion croist successiuement iusques à ce que le centre de l'epicycle soit en l'opposite de l'auge de l'equant, ou de rechef aduient la plus grande reflexion. Et de la se diminuë ladicte reflexion, iusques à ce que ledit epicycle retourne à la section dessusdicte du chef du Dragon, precedant l'auge dudit equant, où de rechef ladicte reflexion est nulle. Et puis se continuë la disposition & habitude telle que parauant.

Des croissemēs & decroissemens des reflexions de Venus & Mercure.

Premiere conclusion ou cõsequẽce tiree des propos precedens.

Dont il s'ensuit & est euident, qu'aux lieux ausquels aduiennent les plus grandes inclinations de l'epicycle, la reflexion est nulle, & au contraire ou il aduient la plus grande reflexion, il n'y a point d'inclination. Lesquelles inclinations sont referées & comptées au regard de l'ecliptique, & les reflexions au regard du deferent, & celles qui sont aux tables, sont calculées des plus grandes qui puissent aduenir: & par icelles on proportionne les autres, comme demonstrent les canons desdictes tables. Il ensuit aussi que quand il aduient la plus grande reflexion, qui est le centre de l'epicycle estant en l'auge ou opposite du deferent, l'extremité du diametre duquel se fait ladicte reflexion, a moindre reflexion que n'ont beaucoup de poincts de la circunference de l'epicycle estans soubs ledit diametre. Et le poinct de la circũference dudit epicycle qui a plus grãde reflexiõ, est celuy qui touche la ligne droicte procedant du centre du monde, ioignant ledit epicycle. Tiercement il ensuit que la reflexion se fait sur le diametre de l'inclination, & ladicte inclination sur le diametre de la reflexion, tellement que l'vn est l'axe de l'autre, Et si ne faut pas que l'axe diametral sur lequel se fait ladicte inclination, soit equidistant à l'axe de l'ecliptique, quand

Seconde cõsequẽce.

Tierce.

l'epicycle eſt hors les interſections dictes chef & queuë du Dragon : comme il a eſté dit des trois ſuperieurs, à cauſe de la deuiation deſſuſdicte. Finablement il faut imaginer enuiron ledit epicycle deux orbes vniformes, concentriques audit epicycle, au mouuement deſquels aduiennent leſdictes inclinations & reflexions : pour euiter les inconueniens reprouuez par naturelle philoſophie.

Quarte.

Pour finale concluſion de ceſte matiere, il faut noter que les termes aſtronomiques & practique d'iceux, eſt telle en Venus & Mercure que aux trois ſuperieurs : fors qu'il y a aucune diuerſité aux minutes proportionales de Mercure. Car les equations des argumens qui ſont aux tables pour Mercure, ſont celles qui prouiennent le centre de l'epicycle eſtant aux moyennes diſtances dudit centre de l'epicycle au centre du monde. Laquelle aduient le centre de l'epicycle eſtant eſloigné de l'auge de l'equant par deux ſignes, quatre degrez, & trente minutes, & non point és moyennes longitudes du deferent, comme és autres planetes. Outre plus la plus prochaine acceſſion & breue diſtance du centre de l'epicycle, au centre du monde aduient, quand le centre dudit epicycle eſt diſtant

Des equations de l'argument de Mercure.

de l'auge de l'equant par quatre signes: & non point ledit centre de l'epicycle estant en l'opposite de l'auge, comme es autres planetes: ainsi qu'il a esté dict cy deuant.

Des minutes proportionales de Mercure, loingtaines & prochaines.

Les minutes donc proportionales loingtaines de Mercure, ne sont autre chose que la difference de la plus grande longitude, ou distance du centre de l'epicycle sur la moyenne, diuisée en soixante parties egales. Comme represente la difference EG, de la ligne AEG, sur la ligne A I, ou A K, de la suiuante figure: de laquelle les centres & cercles du deferent, & de l'equant sont notez comme ès precedentes, mesmement apres le nombre septiesme. Mais les minutes proportionales prohaines, sont pareillement la difference de la moyenne elongation du centre de l'epicycle, sur la plus prochaine distance qu'il puist auoir, diuisée en soixante parties egales, tout ainsi qu'õ peut veoir par exẽple des differences IL, & KML, des lignes AI, & AK, sur les lignes AN, & AO, de la suiuante figure. Par laquelle on peut facilement comprendre quelles minutes demeurent hors la circunference que descript le centre de l'epicycle, & quelles restent & se treuuent dedans, en toutes les situations dudit epicycle. Ensuit ladicte figure.

Theo-

Theorique historiale des minutes proportionales de Mercure: & de la figure ouale, laquelle il descript.

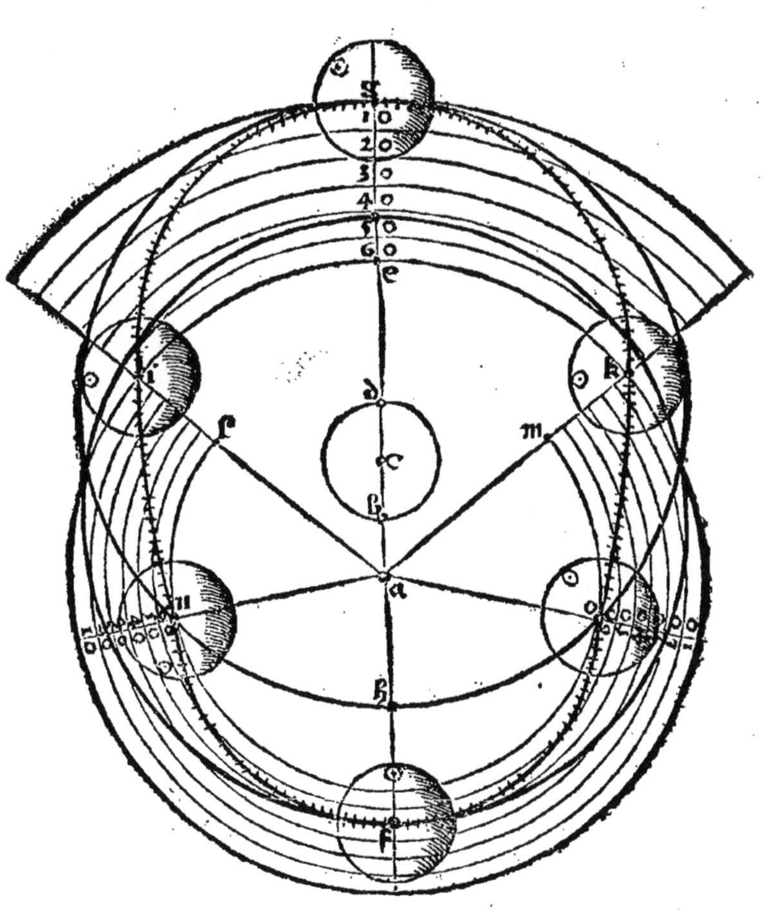

Et par ainsi faut diffinir les diuersitez du diametre, selon la denomination desdictes minutes proportionales, comme a esté fait des autres planetes. Pource finablement, que depuis la plus prochaine distance du centre de l'epicycle, au regard du centre du monde, iusques à l'opposite de l'auge de l'equant, les minutes proportionales prochaines se diminuent successiuement, lesquelles depuis la moyenne distance dudit centre de l'epicycle, iusques audit lieu croissent continuellement. Lesdictes minutes proportionales de Mercure sont dictes estre de trois sortes, ou auoir trois ordonnances: lesquelles aux trois superieurs n'ont que deux ordres & differences: comme en Venus, & en la Lune n'ont qu'vn ordre tant seulement: ainsi qu'il a esté suffisamment declairé en leur propre lieu & Theorique. Doncques icy nous mettrõs fin à la Theorique de Mercure & Venus.

Trois sortes de minutes proportionales de Mercure.

Des passions des planetes, referées à leurs propres mouuemens, ou dependences accidentales d'iceux.

LEs estoilles erratiquesque nous appellons Planetes, mesmement celles qui ont epicycle, deputé à leur mouuemẽt (sauf la Lune) comme Saturne, Iupiter, Mars, Venus, & Mercure, ont certaines passions accidentales, pendantes de leurs mouuemens cy dessus declairez. Premierement vn planete est appellé direct, ou droict en son mouuement, quand la ligne de son vray mouuement va selon l'ordre des signes du zodiac. Et quand elle va au contraire, ledit planete est retrograde. Mais si ladicte ligne du vray lieu & mouuement du planete, semble estre arresté : c'est à dire n'aller selon, ne cõtre l'ordre des signes, ledit planete est dict stationnaire. Et tout cecy se doit entendre au regard du mouuement de l'epicycle : car tout va selon l'ordre des signes, au regard de l'eccentrique.

Planet direct & retrograde.

Les poincts des stations sont deux. Le premier est celuy auquel estant le planete, il commẽce estre retrograde: cõme est le poinct C de

Planete stationaire, & des poĩts de ses stations.

la ſuiuante figure. En laquelle A repreſente le centre du monde, B le centre de l'epicycle CDEF: & CBE repreſente l'arc du deferent de l'epicycle, GH l'arc & portion de l'ecliptique, F l'auge dudit epicycle, & D ſon oppoſite. Le ſecond poinct de ladicte ſtation, ou ſtation ſeconde eſt celuy auquel eſtant la planete il ſe commence à diriger ou dreſſer: comme eſt le poinct E de ladicte figure qui enſuit. Et ſont ces deux poincts touſiours egalement diſtans de l'auge de l'epicycle, ledit epicycle eſtant en vn meſme lieu de l'eccentrique. Mais tous les deux poincts deſſuſdicts s'approchent ou reculent egalement de l'auge de l'epicycle, ou ſon oppoſite, ſelon que ledit epicycle eſt plus prochain ou plus loingtain du centre du monde: car d'autant que le centre de l'epicycle eſt plus prochain de l'oppoſite de l'auge de l'equant, tant plus leſdicts poincts des ſtations ſont prochains de l'oppoſite de l'auge de l'epicycle.

Exemple.

De la variation des deux poĩcts ſtationnaires.

L'arc de la premiere ſtation, eſt l'arc de l'epicycle, comprins depuis l'auge vraye dudit epicycle, iuſques au poinct de la premiere ſtatiõ: comme eſt l'arc F C, de ladicte figure qui s'enſuit incontinent. Et l'arc de la ſeconde ſtation, eſt celuy qui eſt comprins depuis la vraye auge de l'epicycle, par ſon oppoſite, iuſques

Arc de la premiere & ſeconde ſtation.

au poinct de la seconde station. Ainsi que represente l'arc FCDE, de la figure suiuante.

L'arc de la direction sera doncques celuy qui est comprins depuis le poinct de la seconde station, par la vraye auge de l'epicycle, iusques au poinct de la premiere : comme l'arc EFC, de ladicte figure. Dont l'arc de la retrogradation sera le residu arc de l'epicycle, comprins depuis le poinct de la premiere station, par l'opposite de l'auge, iusques au poinct de la seconde: ainsi que represente l'arc CDE.

Arc de direction & retrogradation.

Figure & demonstration de la direction, retrogradation, & poincts, comme aussi arcs stationnaires des planetes.

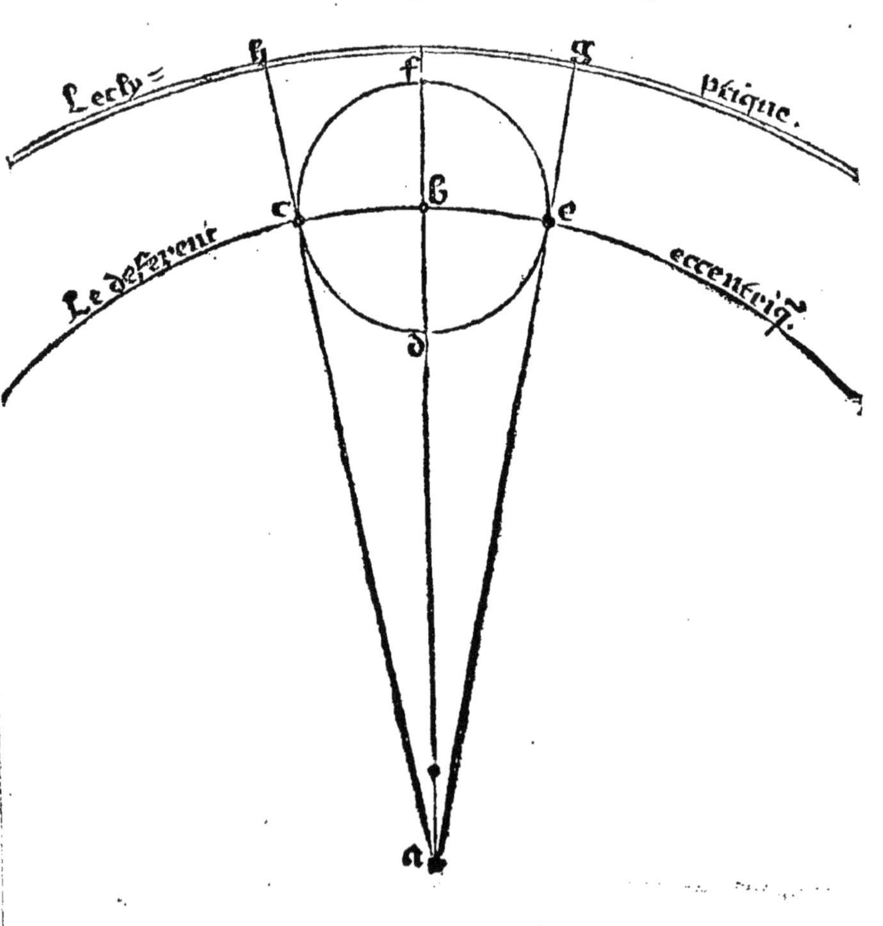

Doncques il s'ensuit que lesdicts arcs de direction & retrogradation croissent & decroissent à cause de la variatiõ des poincts dessusdicts des stations. Parquoy il ensuit de rechef, que le temps des directions & retrogradations, est aucunesfois plus long, & aucunesfois plus bref pour la variation des poincts & arcs dessus nommez.

Consequẽces tirees des propos precedens.

Pour auoir le temps de la direction ou retrogradation, il conuient diuiser ledit arc de direction ou de retrogradation, par le mouuement diurnel du planete en sondit epicycle, que nous appellons l'argument. Comme si l'arc E F C estoit de deux cens degrez & le planete faisoit chacun iour dix degrez partis deux cẽs par dix & viendra vingt: conclus donc ledit planete en vingt iours passer ledit arc E F C.

Pour auoir le temps de direction ou retrogradation.

Il ensuit de rechef que si l'arc de la premiere station est soubtraict de tout le cercle, restera l'arc de la seconde station. Et en tirant l'arc de la premiere statiõ, de la seconde demeure l'arc de retrogradatiõ. Et si vous ostez ledit arc de retrogradation de tout le cercle, restera l'arc de directiõ: cõme en ostant FC, de tout le cercle CDEF, reste l'arc FDE: car FC est egal à FE: comme a esté dict. Item ostez FC de

Pour auoir l'arc de direction ou retrogradation.

D E F, reſte C D E. Et ſi vous tirez ledit arc C D E, de tout ledit cercle C D E F, il reſtera l'arc E F C.

La Lune n'eſtre iamais ſtatiō naire ou retrograde.

La Lune toutesfois, combien qu'elle ait epicycle, n'eſt iamais ſtationnaire ne retrograde come les autres cinq planetes, pour la velocité du mouuement du centre de ſon epicycle. Car la ligne du vray mouuement de l'epicycle, deſcript touſiours plus grand arc du zodiaque, ſelon la ſuite des ſignes, que ne fait la ligne du vray mouuement & lieu de la Lune par la partie ſuperieure de l'epicycle, ſelon ladicte ſuite des ſignes. La Lune toutesfois eſt dicte tardiue par la ſuperieure partie de ſon epicycle, & veloce par l'inferieure partie d'iceluy: faiſant comparaiſon d'vn mouuement à l'autre: comme a eſté dit en ſa Theorique.

Lune veloce & tardiue.

Planetes tardifs & haſtifs.

Tous planetes, deſquels la ligne du vray mouuement va plus tard que celle du moyen contre l'ordre des ſignes, ſont appellez tardifs, ou diminuez de corps & mouuement. Mais ſi ladicte ligne du vray mouuement va plus fort & viſtement que la ligne du moyen, leſdicts planetes ſont lors appellez haſtifs ou veloces, & augmentez de cours.

Itẽ quãd l'equation eſt adiouſtée ſur le moyẽ

mouuement, ils sont dits augmẽtez de nombre. Et quand elle est soubtraicte, sont appellez diminuez de nombre.

Augmẽtez de nombre ou diminuez.

Et quand lesdicts planetes se retirẽt du Soleil, ou que le Soleil s'elongne d'eux, ils sont appellez angmentez de lumiere, & diminuez d'icelle, si lesdicts planetes s'approchent du Soleil, ou ledit Soleil va vers eux, & les offusque de ses rais.

Augmẽtez de lumiere & diminuez.

Outre plus lesdicts planetes sont appellez orientaux & matineux, quand il se leuent sur l'horizon deuant le Soleil. Et quand ils se couchent soubz ledit horizon apres le Soleil, on les nomme occidentaux & vespertins: comme l'on voit souuent de Venus entre les autres.

Orientaux & occidentaux.

Dauantage, les planetes qui pour la remotion d'iceux au regard du Soleil, ou du Soleil au regard d'eux, sortent hors les rais dudict Soleil, & commencent estre veus au matin deuant le Soleil leuant, sont dicts orientaux matutins. Mais si pour la remotion desdicts planetes au regard du Soleil, ou dudit Soleil au pris d'eux, ils sortent hors les rais du Soleil, & commencent estre veuz au soir apres Soleil couché, on les nomme orientaux vespertins. Les occidentaux matutins sont dits ceux qui s'approchent du Soleil, & en-

Planetes matutins ou matineux, & vespertins:

trant les raiz d'iceluy, commencent estre cachez au matin. Et si le Soleil s'approche desdictz planetes, & les offusque de ses raiz, ou que lesdicts planetes s'approchent tellement du Soleil qu'on ne les puisse plus veoir au soir, lesdicts planetes sont dicts occidentaux vespertins. Et toutes ces manieres d'apparēces ou occultations se referēt au Soleil, & non à l'horizon. Dont il ensuit que Saturne, Iupiter, & Mars ne sont point occidētaux matutins, ne orientaux vespertins, pour la tardité de leur mouuement: mais bien Venus, Mercure, & la Lune, à cause de la velocité de leur mouuement, au regard de celuy du Soleil.

Choses dignes de noter.

Touchant les causes, par lesquelles la Lune apparoist apres sa coniunction auec le Soleil, aucunesfois plustost, & autresfois plustard, il en a esté suffisāment parlé en son propre lieu, & Theorique particuliere de ladicte Lune.

Aspects des planetes trine, quart & sextile.

Reste finablement determiner des aspects, dont l'vn est dit trine, quand deux planetes sont distans de la tierce partie du zodiac, selō leur vray lieu & mouuement. L'autre est dit quart aspect, quand ladicte distance est de la quarte partie dudit cercle. Le tiers est dit sextile regard ou aspect, & aduient quād le vray lieu d'vn planete est distant du vray lieu de l'autre par deux ſignes, qui ſont la ſixieſme partie du zodiaque. Entre les aſpects on met la coniunction, & oppoſition. La moyenne coniunction eſt quand les lignes du moyen mouuement ſont en vn meſme point du zodiac, ſelon la longitude. Ainſi faut entendre de la vraye coniũction par les lignes du vray lieu, & mouuement deſdictz planetes: Et cõſequemmẽt des oppoſitions tant vrayes que moyennes. Deſquelles comme auſſi des coniunctions viſibles, diuerſitez de regard (tant ſelon la longitude, que latitude) & generalement de toute la matiere appartenãt aux eclipſes du Soleil & de la Lune, item & de la declination referee à l'equateur, & auſſi des latitudes, ou mouuements latitudinaux au regard & comparation de l'eclyptique, a eſté ſuffiſamment & au long, en ſon propre lieu traicté aux precedentes Theoriques des Planetes. Et pour ceſte cauſe nous ferons icy fin de ceſte matiere.

Vraye coniunction & moyenne cõme auſſi oppoſition.

Aduertiſſment au lecteur.

Ensuit la Theorique de la huitiesme Sphere, nommee le firmament, concernante le propre mouuement des estoilles fixes : duquel participent tous les sept planetes, excepté la Lune.

Tardité de la huictiesme Sphere, ou firmament.

POurce que le cours & mouuemẽt des estoilles fixes estans en la huitiesme Sphere appellé le firmament, est si tardif qu'il ne peust estre obserué, & consideré sinon que par l'experience & iuste examination de plusieurs Astronomes, succedans l'vn à l'autre par long interualle de temps: Il est necessaire dõner foy, & soy seruir des obseruations & resolutions des anciens Astrologues, & bons Mathematiciens, qui ont sur ce cas prins peine, & faict bonne diligence. Et si ainsi est, il faut necessairement conclure, que ledict mouuement de la huitiesme Sphere est irregulier : c'est à dire vne fois plus tardif que l'autre : toutesfois tous conuiennent ensemble, que ledit mouuement est faict au contraire du premier & regulier mouuemẽt de tout l'vniuersel monde qui faict sa reuolution en vingt quatre heures, c'est à sçauoir, d'Occident en Orient. Et selon Ptolomee la quantité dudit mouuement des estoilles

Le mouuement de la huictiesme Sphere irreguliere.

fixes, est en cent ans vn degré de l'eclyptique fixe. Et selon Albategny vn degré en soixante six ans. Et ainsi des autres diuerses opinions, selon la diuersité du temps, & particuliere obseruation sur ce faicte.

Opinions diuerses du mouuemẽt de la huictiesme Sphere.

Parquoy il a esté imaginé par les modernes Astronomes vn mouuement composé de trois particuliers, pour le mouuement de la huitiesme Sphere: dont l'vn est attribué au premier mobile, ou quel est l'eclyptique fixe, & est le regulier mouuement de vingt quatre heures: L'autre est attribué à la neufiesme Sphere, imaginee entre ledit premier mobile & le firmament: lequel mouuement est d'Occident en Orient, au long du zodiac fixe: Le tiers est vne maniere de titubation, propre à ladicte huitiesme Sphere: laquelle titubation a esté excogitee pour reformer la varieté & irregularité du mouuement dessusdit, comme l'on a faict par epicycles & eccentriques aux sept planetes. Et sur ceste opinion, ont esté composez les Canons des tables d'Alphonse, & autres Astronomes, qui le plus communement ont fondé leurs calculations sur iceluy: tellement que c'est le commun vsage de calculer, selon l'imagination de ce triple mouuement. Lequel en delaissant les autres opinions, nous declare-

Triple mouuement de la huictiesme Sphere.

Sur quel mouuemẽt sont composees les tables Astronomiques.

rons cy apres le plus facilemēt qu'il ſera poſſible, commençant au primier mobile, & puis aux autre; ſelon leur ordre & ſucceſſion.

Que c'eſt que le premier mobile & de ſō mouuemēt.

Par le premier mobile faut imaginer vn orbe totalement vniforme, & concentrique à tout le monde, enuironnant toute la machine des cieux. Lequel par ſon propre mouuement tourne & circunduict dedans l'eſpace de vingt quatre heures, ſur le cētre, poles, & axe du monde, tous les orbes inferieurs comprins & enuironnez de luy, auec l'elemēt du feu, & plus haute region de l'air. Tellement que cedit mouuement ſemble eſtre le propre mouuement de tout l'vniuerſel monde : par lequel non ſeulement les eſtoilles fixes : mais le Soleil, la Lune, & autres planetes, ſont regulierement circunduicts (durant ledit eſpace de vingt quatre heures) d'Orient en Occident : faiſant le iour naturel, & eſtant cauſe du iour & de la nuict artificiels: dont on l'appelle communement le mouuement diurnel, comme nous auons amplement declaré au traicté de la Coſmographie, ou de la Sphere du monde.

Cours naturel du premier Ciel.

Le ſecond Ciel, dict ſecond mobile, ou

Entre ledit premier mobile, & le firmamēt (comme nous auons dit) eſt le ſecond mobile, dit vulgairement la neufieſme Sphere, totalement vniforme & concentrique, enuironnant rondement le firmament dessusdict & la reste des ciels comprins dedans la con cauité dudit firmament. Laquelle neufiesme Sphere, est premieremẽt circunduicte comme les autres, au mouuemẽt du premier mobile dessusdict, & puis a son particulier mouuement d'Occident en Orient, paracheuant sa reuolution en quarãte neuf mil ans, sur vn autre axe, & autres poles que ceux du premier mobile. Lequel axe interseque, ou croise celuy du premier mobile au centre du monde : & lesdicts poles de ce mouuement sont elongnez inuariablement des poles du monde, & premier mobile par vingt deux degrez & quarante minutes : En façon & maniere que la plaine superfice du plusgrand cercle de ceste Sphere, appellé l'eclyptique, est au long & droict de l'eclyptique du premier mobile: tellement que ce n'est qu'vne, & la declination d'icelle au regard de l'equateur, est pareillement de vingt deux degrez, & quarante minutes. Et est ladicte eclyptique, celle où l'on calcule les mouuemens selõ les tables: & la section vernale d'icelle auec ledit equateur, est le commencement & chef du signe dit Aries de ladite eclyptique fixe. Il faut toutesfois entendre, que nonobstant que la superfice de Lune des eclyptiques ne

neufiesme Sphere & de sõ mouuemẽt particulier, & temps auquel il se parfaict.

Situation & declination de l'eclyptique de la neufiesme Sphere, propre au calcul des mouuemens.

par iamais de l'autre latitudinalement : toutesfois ils sont deux poincts en l'eclyptique de ladicte neufiesme Sphere diametralemēt opposite: dont l'vn est dict le chef mobile, & commencement d'Aries, & l'autre le chef & & cōmencement de Libra de ladicte eclyptique. Et par ces deux points, principalemēt du chef & cōmencemēt dit Aries, on cōsidere ledit mouuement de la neufiesme Sphere, au long de l'eclyptique fixe du premier mobile. Auquel mouuement la huitiesme Sphere est circunduicte, & les deferens des auges des planetes, fors ceux de la Lune, comme nous auōs dit aux Theoriques particulieres desdits planetes. Parquoy ledit mouuemēt ainsi fait au contraire de celuy du premier mobile, est dit le mouuement des auges des planetes, & des estoilles fixes : non pas le vray, mais le regulier & moyen mouuement d'icelles: car le vray se iustifie par addition & subtraction de l'equation de la huitiesme Sphere: dont nous parlerōs cy apres. Et par ce moyē mouuemēt des auges des planetes, & estoilles fixes, faut entendre l'arc de l'eclyptique fixe, comprins entre la section vernale de ladicte eclyptique fixe, & l'equateur, dicte le chef d'Aries immobile, & le chef d'Aries de ladicte neufiesme Sphere selon l'ordre & succession des signes: comme

Mouuemēs des estoilles fixes, & auges des planetes.

comme represente l'arc A B, de la suyuante figure: suppose que A B C D, soit la superfice desdictes eclyptiques ioinctes, & A E C F, l'equinoctial: A, le chef d'Aries immobile: & B, le chef d'Aries de la neufiesme Sphere: mobile au long de ladicte eclyptique A B C D: du poinct A, par B, vers le poinct C: & G, finablement soit le centre du monde: duquel procedent les lignes qui denotent lesdicts poincts du chef d'Aries tant mobile que immobile: *Exemple des mouuemens susdits.*

Figure & demonstration du moyen mouuement des estoilles fixes & auges des planetes.

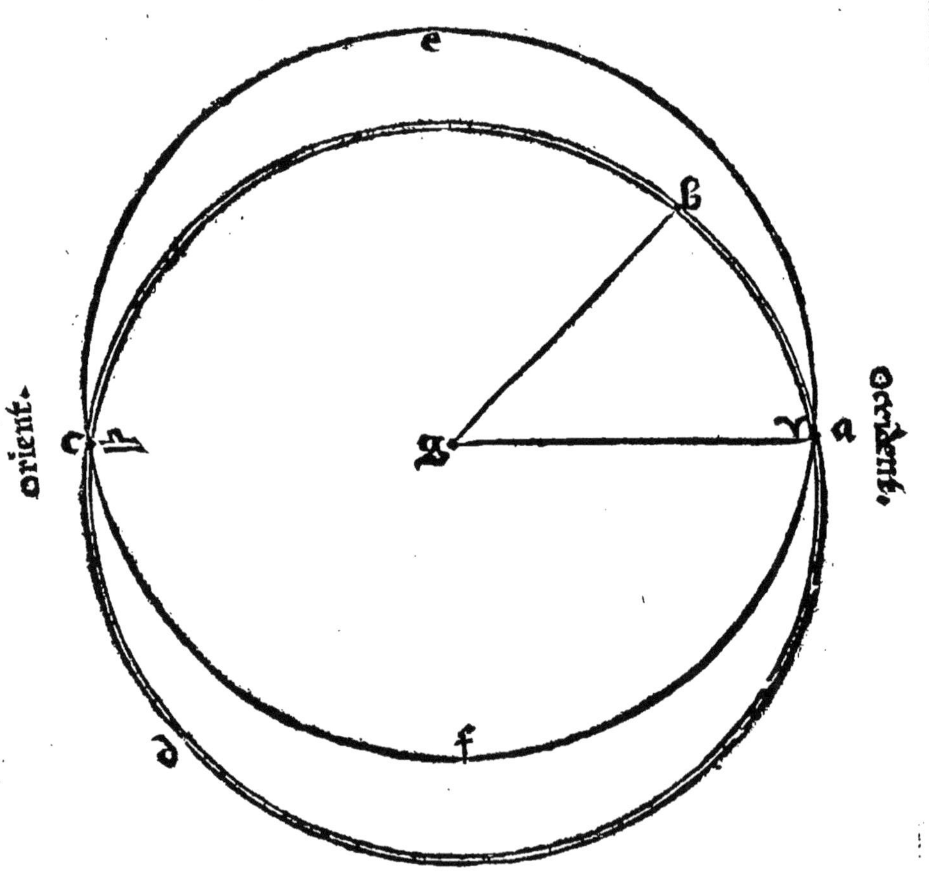

La huitiesme Sphere dicte le firmament, où sont les estoilles fixes, a trois mouuemens par lesquels (comme nous auons dit) on viẽt en la cognoissance de son vray & principal mouuement. Premierement ladicte Sphere est circunduicte regulierement au mouuement du premier mobile d'Orient en Occident en vingt quatre heures, comme les autres. Secondement au mouuemẽt de la neufiesme Sphere d'Occident vers Orient, en quarante neuf mil ans, comme a esté dit. Le tiers mouuement est à elle propre, excogité pour auoir ce qu'il faut adiouster ou soubtraire, du second mouuement, pour auoir le vray. Lequel propre mouuement de la huitiesme Sphere n'est pas circulaire, comme les autres: mais par maniere de titubation, ou trepidation, en la façon & maniere que s'ensuit cy apres.

Triple mouuemẽt de la huictiesme Sphere dicte le firmament.

Il faut imaginer en la huitiesme Sphere deux points diametralement opposites, par lesquels passe l'eclyptique ladicte huitiesme Sphere: dont l'vn est appellé le cõmencemẽt d'Aries, & l'autre de Libra. Lesquels poincts descriuent enuiron & au tour des chefs & cõmencemens d'Aries & de Libra de la neufiesme Sphere dessusdicte, deux petits cercles egaux en la concaue superfice d'icelle:

Mouuemẽt de titubation de la huictiesme Sphere.

dont le diametre comprent dixhuict degrez de l'ecliptyque de ladicte neufiesme Sphere: tellement que depuis lesdicts commencemens & chef d'Aries & de Libra d'icelle neufiesme Sphere, qui sont les poles ou centres desdicts petits cercles, iusques à la circunferẽce d'iceux petits cercles, sont neuf degrez, du plusgrand cercle qui se puist descrire en ladicte Sphere. Et sont lesdicts petits cercles entierement descripts & paracheuez, par le continuel & regulier mouuement desdicts chef d'Aries & de Libra mobiles, de la huictiesme Sphere dessusdite en l'espace de septãte mil ans. En façõ toutesfois & maniere qu'il n'y a aucun poinct en toute la huictiesme Sphere qui descriue cercle parfaict, ou vraye portion circulaire, fors les deux dessusdicts: car tous les autres poincts descriuent certaines figures irregulieres, ou portions d'icelles fort diuerses, excepté les poincts & commencements de Cancer & de Capricorne de ladicte huictiesme Sphere: lesquels descripuent vne portion, ou arc du grand cercle, au long de l'ecliptyque de la neufiesme Sphere: comprenant dixhuict degrez, cõme est le diametre desdicts petits cercles: en façon que lesdicts poincts initiatifs de Cancer & de Capricorne de ladicte huictiesme Sphere, declinẽt

Temps de la reuolution du mouuemẽt de la huictiesme Sphere.

des poincts de Cancer & de Capricorne de la neufiesme Sphere neuf degrez de ça, & neuf degrez de la, pour le plus & aucunesfois sont ensemble. Les poles toutesfois de la huictiesme Sphere, descriuent deux figures ouales, poinctues d'vn costé, & rõdelettes de l'autre, conioinctes du costé des poinctes ensemble, auec les poles de l'ecliptyque immobile: dont la longueur de chascune d'icelles est de neuf degrez: & des deux ensemble de dixhuit degrez : De sorte que les poles dessusdits de ladicte huictiesme Sphere, ne sont point proprement appellez poles, à cause qu'ils sont mobiles, & qu'il n'y a aucun point en toute la huictiesme Sphere, qui ne soit mobile par cedit mouuement de titubation, Car lesdicts poles s'eslongnent des poles de l'eclyptique fixe maintenant deça maintenant dela: aucunesfois sont ensemble, selon que les poincts initiatifs d'Aries & de Libra de la huictiesme Sphere, sont elongnez, ou prochains de l'eclyptique fixe, ou conioincts auec & au long d'icelle.

Les poles de l'eclyptique de la huictiesme Sphere.

Et pour mieux entendre le discours de ce mouuement, imaginez qu'en ceste presente figure A B C D, soient les deux eclyptiques: c'est à scauoir l'immobile & celle de la huictiesme Sphere immobile cõme a esté dit. A,

Discours du mouuement de titubatiō de la huictiesme Sphere.

ſoit le point initiatif d'Aries de la neufieſme Sphere, centre du petit cercle F G H I, & le commencement de Libra de ladicte neufieſme Sphere, centre du petit cercle K L M N, & B, ſoit le chef de Cancer: D, le chef de Capricorne de ladicte Sphere: E, ſoit le pole Septētrional deſdictes eclyptiques, eſtās ioints l'vn auec l'autre: I F G, doncques ſera la moitié ſeptentrionale du petit cercle F G H I, & G H I, la meridionale: pareillemēt L M N, ſera la moytié ſeptentrionale du petit cercle K L M N, & N K L, la meridionale: F, ſera le point ſeptētrional, & H, le meridional dudit petit cercle F G H I: qui diſtinguent les quartes d'iceluy, auec l'eclyptique immobile ſemblablement M, ſera le point ſeptentrional du petit cercle K L M N: & K, le meridional. Itē G, & N, ſeront les poincts orientaux & ſuperieurs: & I, & L, les occidentaux & inferieurs deſdits petits cercles. Tellement que l'ordre des ſignes deſdits petits cercles commēce au point F & K, par les points G & N, aux points H & M, Mais on ne conſidere la reuolutiō & termes dudit mouuement, que au cercle F G H I, qui eſt deſcript du chef d'Aries de la huitieſme Sphere, enuiron & autour du chef & commencement dudit Aries de la neufieſme Sphere.

Histoire & demonstration du mouuement de titubation de la huictiesme Sphere : & de la situation des deux petits cercles.

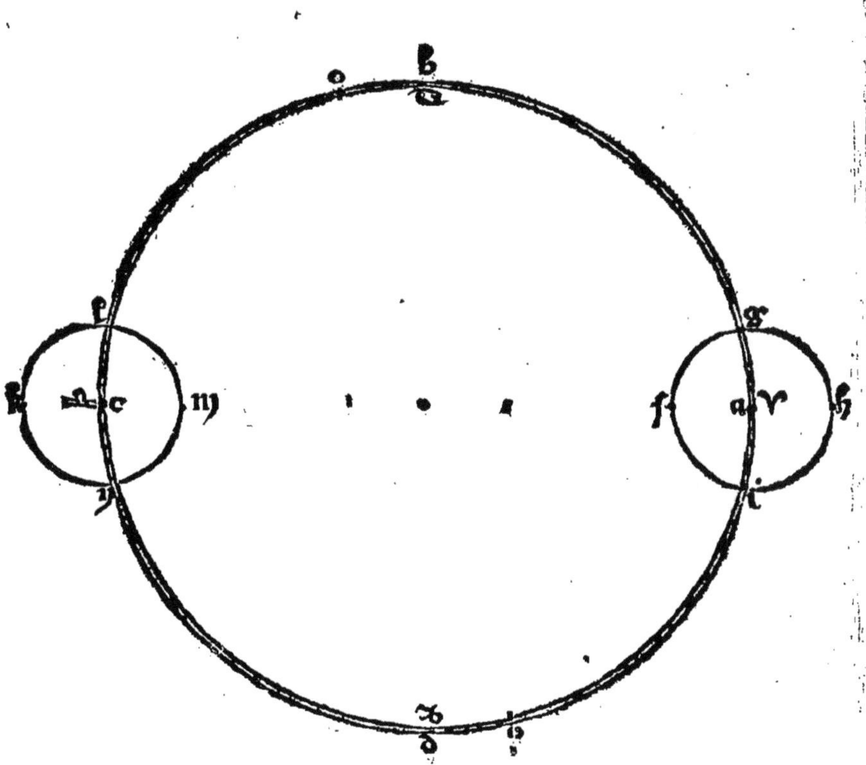

Discours du mouuement des parties de la huictiesme Sphere.

Suppose donc (lesdictes ecliptiques estans ainsi conioinctes) que le commencemẽt d'Aries de la huictiesme Sphere soit au poinct G, le commencement de Libra sera au poinct N; & le chef de Cancer de ladicte huictiesme Sphere sera au poinct O, & celuy de Capricorne au poinct P: & les poles desdictes ecliptiques seront ioincts: c'est à sçauoir les Septetrionaux au poinct E, & les meridionaux au poinct opposite.

Autre discours des choses precedentes, touchant le mouuemẽt trepidatoire.

De ce lieu, le commencemẽt d'Aries de ladicte huictiesme Sphere, descent au point H, & celuy de Libra monte au poinct M, & la plaine superfice de l'eclyptique de la huictiesme Sphere, decline de celle de la neufiesme, en façon que la plusgrande declination est tousiours auxdicts poincts faisans le commẽcement d'Aries & de Libra, estans aux points H, & M, ou en leur opposite. Et quãt & quãt le cõmencement de Cãcer de ladicte huitiesme Sphere, viendra du poinct O, au poinct B: & celuy de Capricorne du poinct P, au point D: tellement que les commencemens de Cancer & de Capricorne de chascune desdictes eclipty ques serõt ioincts ensemble: Mais le pole Septentrional de la huictiesme Sphere aura descript la moytié de la figure E Q, & sera venu depuis E, iusques au poinct

Q, en la plus grande elongation qu'il puist auoir. Et autant faut entendre du pole meridional de ladicte huictiesme sphere, au regard de celuy de la neufuiesme vers la partie opposite, comme demonstre ceste figure suiuante.

Autre demonstration & figure du mouuement trepidatoire de la huictiesme Sphere.

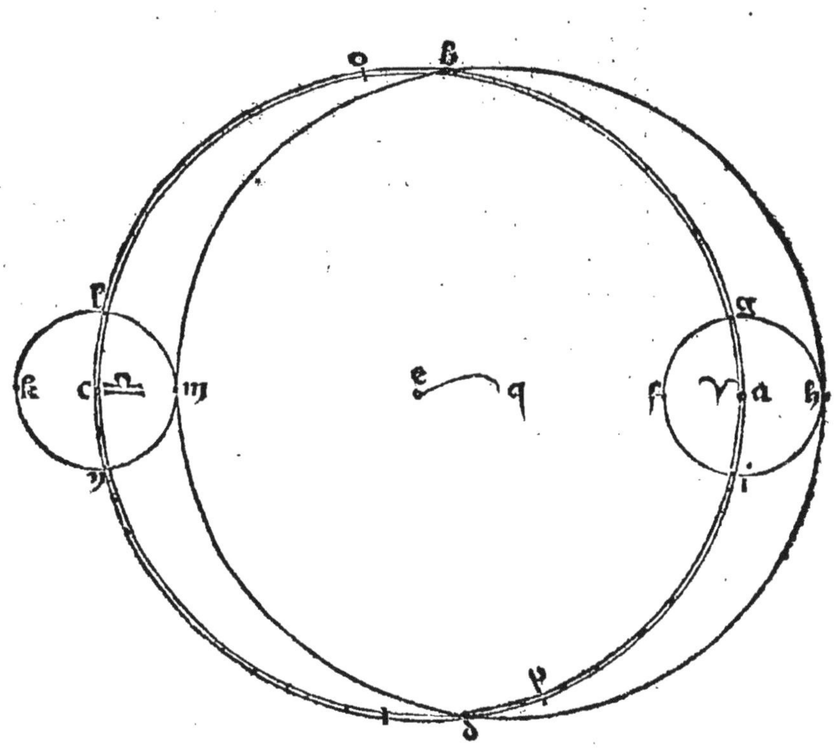

Tiers discours du susdit mouuement de trepidatiõ.

Consequemment ledit poinct faisant commencement du signe d'Aries de la huictiesme sphere, descend du poinct H, au poinct I successiuement : & celuy de Libra du poinct M, monte conformement au poinct: L tellement que l'ecliptique de la huictiesme sphere s'approche petit à petit de l'ecliptique immobile de la neufuiesme : & reuiennent finablement ensemble comme deuant : & le pole septentrional reuient du poinct Q au poinct E, auec celuy de la neufuiesme sphere: paracheuant la figure ouale poinctuë E Q: Mais le poinct initiatif de Cancer de ladicte huictiesme sphere, deuoyera proportionalement de celuy de la neufuiesme, venant depuis B, iusques au point R, & celuy de Capricorne depuis D, iusques au poinct S : tousiours en la partie opposite, comme demonstre ceste figure.

Autre demonstration du susdit mouuement de trepidation, & de la figure ouale.

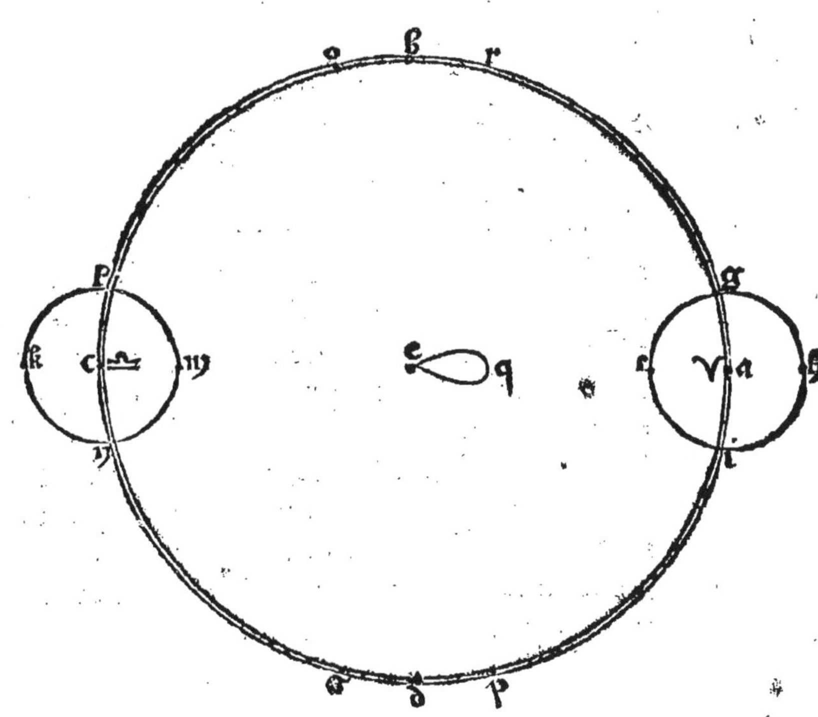

En apres, du poinct I, ledit poinct initiatif du signe d'Aries de la huictiesme sphere, viendra au poinct F, & le commencement de Libra du poinct L, au poinct K : & le commencement de Cancer retournera du poinct L, au poinct B : & celuy de Capricorne du poinct S, au poinct D. Et le pole septentrional du poinct E, au poinct T : descriuant la moitié de la figure ouale poinctuë ET, en façon que les poles de la huictiesme sphere, seront en la plus grande elongation qu'ils puissent auoir des poles de la neufuiesme. Et la pleine superfice de ladicte huictiesme sphere en la plus grãde declination de rechef qu'elle puist auoir de celle de ladicte neufuiesme. En façon toutesfois que quand vn poinct decline vers septentrion, l'opposite decline vers midy : & au contraire quand l'vn vient de midy vers septentrion, l'autre son opposite vient de septentrion à midy : comme clairement met deuant les yeux la figure suiuante.

Quart discours particulier du susdit mouuement.

Autre demonstration particuliere du susdict mouuement de trepidation.

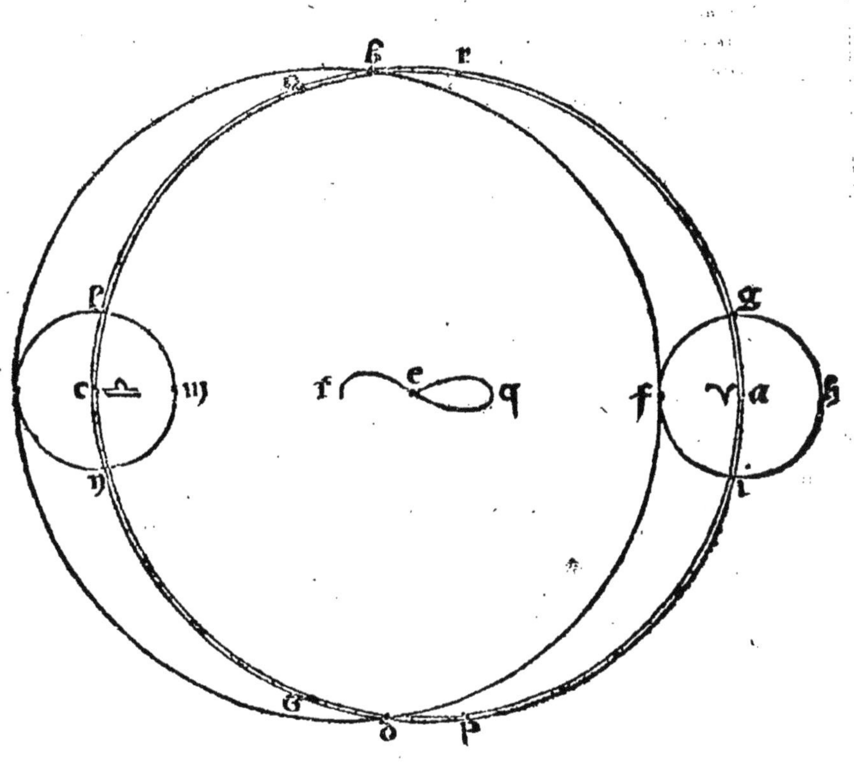

Finablement, le dessus nommé commencemẽt du signe d'Aries de la huictiesme sphere, s'en va successiuement du poinct F, au poinct G: & celuy de Libra du poinct K, au poinct N: & le pole septentrional de ladicte huictiesme sphere, retournera du point T au point E: paracheuant la figure ET: & le commencement de Cancer de B, viendra de rechef au point O: & le commencement de Capricorne du point D, au point P. Et seront les ecliptiques de rechef ioinctes ensemble, comme parauant. Puis retournera & aduiendra tel & semblable discours, & reuolution qu'il a esté dit cy deuant. Et en ceste maniere faut imaginer ledit mouuement de titubation, ou trepidation de la huictiesme sphere dessusdicte: lequel se comprend plus aisement par instrument materiel, que par figure plaine: Cõbien qu'il soit assez facile à entendre, en la façon que nous l'auons declairé. Voicy la figure du present propos.

Discours & exemple final dudit mouuemẽt de titubation.

Final discours & exemplaire demonstration du susdict mouuement de trepidation.

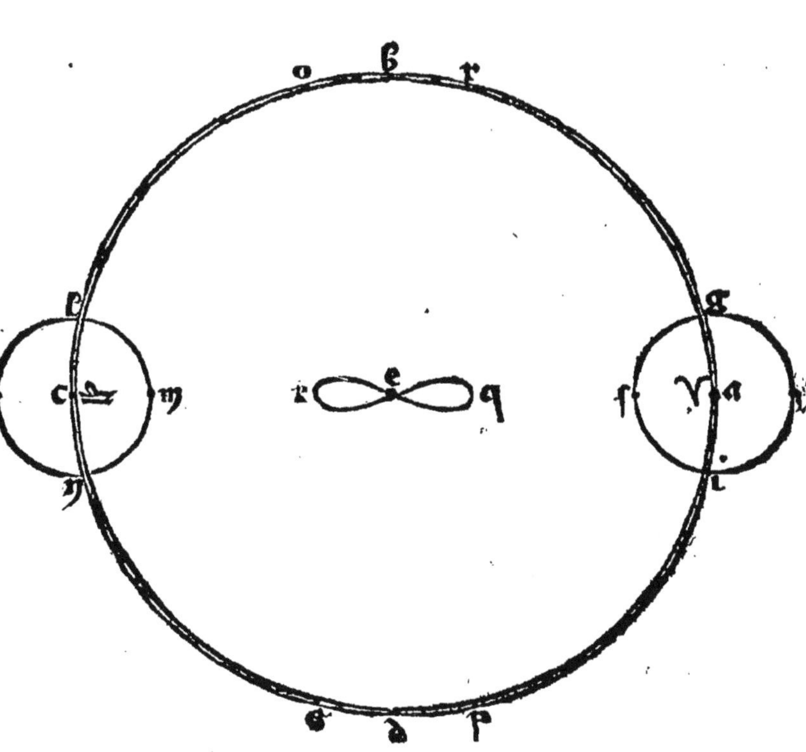

Premiere consequẽce & conclusion extraicte des propos precedens, touchant le mouuemẽt de trepidation.

Il ensuit premierement des choses susdictes, que toutes & quantes fois que le chef & commencement du signe d'Aries est en l'vne des intersections du petit cercle, qu'il descript, & de l'ecliptique de la neufuiesme sphere, que la plaine superfice de l'ecliptique de ladicte huictiesme sphere, est ioincte auec la superfice de l'ecliptique de la neufuiesme. Et hors cesdictes intersections l'ecliptique de la huictiesme sphere diuise tousiours l'ecliptique de la neufuiesme en deux moitiez egales, ou que soit le commencement & chef d'Aries de ladicte huictiesme sphere, ce qui aduient deux fois en vne reuolution. Et sont lesdictes sections des ecliptiques dessusdictes les chefs & commencemens de Cancer & de Capricorne de ladicte huictiesme sphere, distans tousiours du commencement d'Aries mobile, & de Libra par nonante degrez : En façon que ces deux poincts tant seulement de la huictiesme sphere ne separent iamais l'ecliptique de la neufuiesme sphere : car tous les autres declinent ça ou la, comme il est euident.

Secondement il est notoire des choses precedentes que lesdictes intersections des ecliptiques deuãt nõmées, estãs tousiours (cõme no⁹ auons dict) le chef & cõmencement du signe de de Cancer & de Capricorne de la huictiesme sphere, descriuent en allant & retournant en l'ecliptique de la neufuiesme sphere, deux arcs ; comprenans dixhuict degrez de longueur, comme sont les arcs R B O, & S D P, de la precedente figure. Lesquelles intersections des ecliptiques dessusdictes vont au lõg & succession des signes, quand le chef mobile d'Aries de la huictiesme sphere part du point occidental du petit cercle, par la moitié septentrionale, allant au point oriental d'iceluy comme du point I, par F, au point G de ladicte precedente figure. Et quãd ledit chef d'Aries mobile descend du point G par H, au point I: c'est à dire quand il va du point oriental du petit cercle, par la partie meridionale, au point occidental d'iceluy : alors les intersections dessusdictes vont au contraire de l'ordre & succession des signes de ladicte neufuiesme sphere : comme il appert par le discors precedent.

Deuxiesme consequence & conclusion tiree du precedent texte.

Tiercemẽt il ensuit que les deux ecliptiques dessusdites ne se diuisent iamais, és chefs de Cancer & de Capricorne, fors seulemẽt quãd le chef & commencement d'Aries de la huictiesme sphere, est aux moyens points des petis cercles, ou aduient la plus grande declina-

Troisiesme consequẽce ou conclusions

tion ,comme aux points F & H, de la figure precedente. Et nonobſtant cela leſdits chefs de Cancer & de Capricorne de la neufuieſme ſphere, ſont droictement & touſiours au milieu des arcs deſſuſdits, qui deſcriuent leſdites interſections. Et auec ce leſdits points mobiles de Aries & Libra de la huitieſme ſphere, ſont touſiours (ou qu'ils ſoient) quand leſdites ecliptiques ſe diuiſent, les points de l'ecliptique de la huitieſme ſphere : qui plus declinent pour lors de l'ecliptique de la neufuieſme. Tellement que qui produiroit vn grand cercle par les poles de l'vne & l'autre ecliptique, il paſſeroit droitement par leſdits points initiatifs d'Aries & Libra mobiles de la viij. ſphere deſſuſdits.

Quatrieſme conſequence & concluſion.

Il enſuit auſſi que nonobſtant qu'en vne reuolution dudit mouuement, les chefs de Cancer & Capricorne de la huictieſme ſphere, ſoient auec les chefs de Cancer & Capricorne de la neufuieſme, toutesfois iamais n'aduient que les chefs d'Aries & Libra de la huitieſme ſphere ſoiẽt auec les chefs d'Aries & Libra de la neufuieſme. Pource que ceux de la neufuieſme ſont touſiours les centres des petits cercles : dõt ceux de la huitieſme deſcriuẽt & & ne ſeparent iamais la circunference.

Quintement il est manifeste & ensuit du mouuement dessusdit, que nonobstant que l'ecliptique fixe decline tousiours de l'equateur d'vne sorte, & le diuise tousiours d'vne maniere, toutesfois l'ecliptique de la huitiesme sphere entrecouppe ledit equateur de points en points, comprins en deux arcs distinguez ça & la, par deux grans cercles, touchans & ioingnans droictement les points des petits cercles, ou aduiennent les plus grandes latitudes & deuiations desdites ecliptiques. Tellement que les chefs & commencemens d'Aries du premier mobile, & de Libra, sont tousiours au milieu desdits arcs: dont en vne reuolution du chef d'Aries de la huitiesme sphere en son petit cercle, les interfections de l'ecliptique de ladite huitiesme sphere, & de l'equateur, sont deux fois ensemble auec les chefs d'Aries & Libra dudit premier mobile, & deux fois en la plus grande elongation qu'elles puissent auoir, partie vers orient, & en partie vers occident. Car quand le chef d'Aries de la huitiesme sphere, est au poinct septentrional du petit cercle, lesdictes interfections de l'ecliptique de la huitiesme sphere & de l'equateur sont en leur plus grande remotion qu'elles puissent auoir du chef d'Aries & de Libra du premier

Cinquiesme consequence de la diuerse section de l'eclyptique de la huictiesme Sphere & de l'equinoctial.

Choses dignes de noter, de l'intersection de l'eclyptique de la huictiesme Sphere & de l'equateur.

mobile vers occident, de la ledit chef d'Aries de la huictiesme sphere venant au point oriental de son petit cercle, ou aduient pareillement (comme a esté dit) la coniunction des ecliptiques & sections d'icelles, auec l'equateur, ladite section de l'ecliptique de la huictiesme sphere auec l'equateur, va successiuement au long desdits arcs vers orient, iusques à ce que ledit chef d'Aries de la huictiesme sphere vienne au point meridional de son petit cercle: & lors aduient la plus grande remotion desdites intersections de l'ecliptique de la huictiesme sphere, & de l'equateur, qui puist estre vers orient. Finalement de cedit lieu & point meridional, le chef dudit Aries de la huictiesme sphere, retournant par le point occidental du petit cercle, on de rechef aduient la coniunction des ecliptiques, & intersections dessusdictes comme deuant, les intersections de l'ecliptique de la huictiesme sphere & de l'equateur s'en retourneut successiuement & proportionalement vers occident, iusques à ce que le chef d'Aries de la huictiesme sphere, soit de rechef au point septentrional de sondit petit cercle. Lors aduient comme deuant, que lesdictes sections soient plus esloignées vers occident qu'elles puissent estre: & ainsi de reuolution en reuolution. Et faut noter que lesdits arcs de l'equateur,au long desquels les intersections de l'ecliptique de la huictiesme sphere, & dudit equateur vont vers orient, & reuiennent vers occident, en la maniere cy deuant ditte, ne sont pas en toutes les reuolutions du petit cercle egaux : mais aucunesfois plus grans, & aucunesfois moindres : selon que le centre dudit petit cercle est plus prochain, ou plus loing du chef d'Aries & de Libra du premier mobile. Et le plus grand arc qui puist estre est quand le chef d'Aries de la huitiesme sphere est au point septentrional, ou meridional de son petit cercle : & le chef d'Aries de la neufuiesme sphere auec celuy du premier mobile. Item combien que lesdits arcs soient diffinis & limitez, de sorte que lesdittes intersections de l'ecliptique de la huitiesme sphere, & de l'equateur, ne les excedent iamais, toutesfois chacun point de l'ecliptique de la huitiesme sphere intersequе l'equateur au long desdits arcs, pres le chef d'Aries & de Libra du premier mobile, pendant que les centres des petits cercles font vne reuolution qui est durant le temps de quarante neuf mil ans, comme a esté dit cy dessus.

Arcs de l'equateur en toutes reuolutions n'estre esgaux.

Outre plus il ensuit que les intersectiõs dessusdittes de l'ecliptique de la huitiesme sphere

Sixiesme consequẽce & conclusion sur le susdit mouuement de titubation.

& de l'equateur, ne sont point tant seulement diuersifiées, mais aussi la grandeur des angles desdites intersections croist & decroist continuellement. Dont la cause est euidente de la diuersité obseruée touchant les plus grandes declinations du Soleil : lesquelles ont esté trouuées plus grandes par Ptolomée, que par Alcmeon, & de luy plus grandes que par ceux de nostre temps. Car les deferens de l'auge du Soleil ensuiuent le mouuement des estoilles fixes, comme a esté dit : & la plaine superfice du cercle eccentrique du Soleil, & de l'ecliptique, & des deux orbes difformes sont ensemble : dont à la variation de l'vn ensuit necessairement la diuersité de l'autre, & consequemment desdites declinations.

Septiesme consequẽce du susdict mouuemẽt.

Item il est manifeste pour la variation dessusdite des intersections de l'ecliptique de la huitiesme sphere & de l'equateur, que le Soleil ne retourne pas d'vn equinocce ou Solstice à l'autre suiuant en egal, & mesme espace de temps : mais aucunesfois plus tost, & aucunesfois plus tard : & peust estre la difference iusques à la quantité d'vne heure commune.

Huictiesme consequence.

Dauantage li s'ensuit, qu'il n'est pas equinocce vniuersel, toutes & quantesfois que le

Soleil est au premier point d'Aries ou de Libra du premier mobile. Car il ne peust aduenir equinocce, fors quand le Soleil est aux intersections de l'ecliptique de la huitiesme Sphere, & de l'equateur. Lesquelles intersections ne conuiennent auec le premier point du signe d'Aries & de Libra du premier mobile, que deus fois en sept mil ans. Et si ne aduient pas souuent que le Soleil estant audit commencement d'Aries ou de Libra du premier mobile, n'ait point de declination. Pour ce qu'il la peut auoir assez notable : comme l'on peut deduire dudit mouuement. Et par semblable raison il ne s'ensuit pas, que le Soleil ayt sa plus grande declination, quand il est au premier point de Cancer ou de Capricorne du premier mobile : ainsi qu'on peust deduire des choses dessusdictes.

Neufiesme consequẽce ou cõclusiõ.

Finablement il est necessaire des choses dictes cy deuant, que les deux tropiques soient aucunesfois plus prochains qu'autre, assez notablement : sans exceder neantmoins certains limites determinez. Toutesfois lesdicts tropiques peuuent estre plus prochains & plus loingtains dudit equateur par l'espace de dixhuit degrez, & consequemment la variation & difference des plus grandes declinations est pareillement de dixhuict degrez vne fois plus qu'autre. Car si le centre du petit cercle, chef d'Aries de la neufuiesme sphere, aduient au premier point de Cancer du premier mobile, & le premier point d'Aries de la huitiesme sphere est au point septentrional de son petit cercle, la declination dessusditte sera plus grande que celle de la neufuiesme sphere de neuf degrez, & moindre d'autant s'il estoit au point meridional dudit petit cercle. Et par ainsi neuf & neuf font dixhuit, toute laditte plus grande diuersité des choses dessusdittes.

Finale cõclusion de tous les discours precedens.

Il ne se faut donc point esbahir, si le mouuement de la huitiesme sphere a esté trouué par plusieurs obseruateurs fort diuers, & si aucuns ont dit que les estoilles fixes, & les auges des planetes alloient aucunesfois selon l'ordre des signes, & par autres fois au contraire: & si ledit mouuement a esté trouué plus tardif, ou plus veloce des vns que des autres. Et si les opinions des anciens Astronomes, ont esté sur ce point diuerses. Car toutes les choses dessusdittes s'ensuiuent des mouuemens desia exprimez, tant de la huitiesme sphere, que de la neufuiesme: de laquelle le vray mouuement a esté difficile à cognoistre, & reduire finablement à si ingenieuse & subptile imagination.

Reste pour finale conclusiõ venir à la practique du mouuement dessusdict: laquelle est telle que par le moyen mouuemẽt de la huitiesme Sphere, on entend l'arc du petit cercle, comprins depuis le poinct septentrional d'iceluy, iusques au chef d'Aries de la huitiesme Sphere, selon l'ordre des signes dudit petit cercle. Comme est l'arc C G, ou C D I, & semblables de la suiuante figure supposé que A, soit le pole septentrional de la neufiesme Sphere: D B F, l'eclyptique d'icelle: B, le premier poinct d'Aries, & centre du petit cercle C D E F: duquel C, soit le point septentrional, D, le poinct Oriental, E, le meridional, & l'Occidental F. Et auec ce le chef d'Aries de ladite huitiesme Sphere soit au poinct G, ou I. Item pour l'equation de ladite huitiesme Sphere est entendu l'arc de l'eclyptique immobile du premier ciel ou neufiesme Sphere, comprins depuis le centre du petit cercle, iusques à la section du grand qui procede des poles de ladicte eclyptique fixe, & passe par le chef d'Aries de la huitiesme Sphere: ainsi que represente l'arc B H, de ladite figure suiuante: ou B L, supposé que ledit Aries de la huitiesme Sphere ait son commencement au point K, ou au point M.

Moyẽ mouuement de la huictiesme Sphere, auecques exemple d'iceluy.

Equation de la huictiesme Sphere.

Figure & histoire demonstrant le moyen mouuement & equation de la huictiesme Sphere.

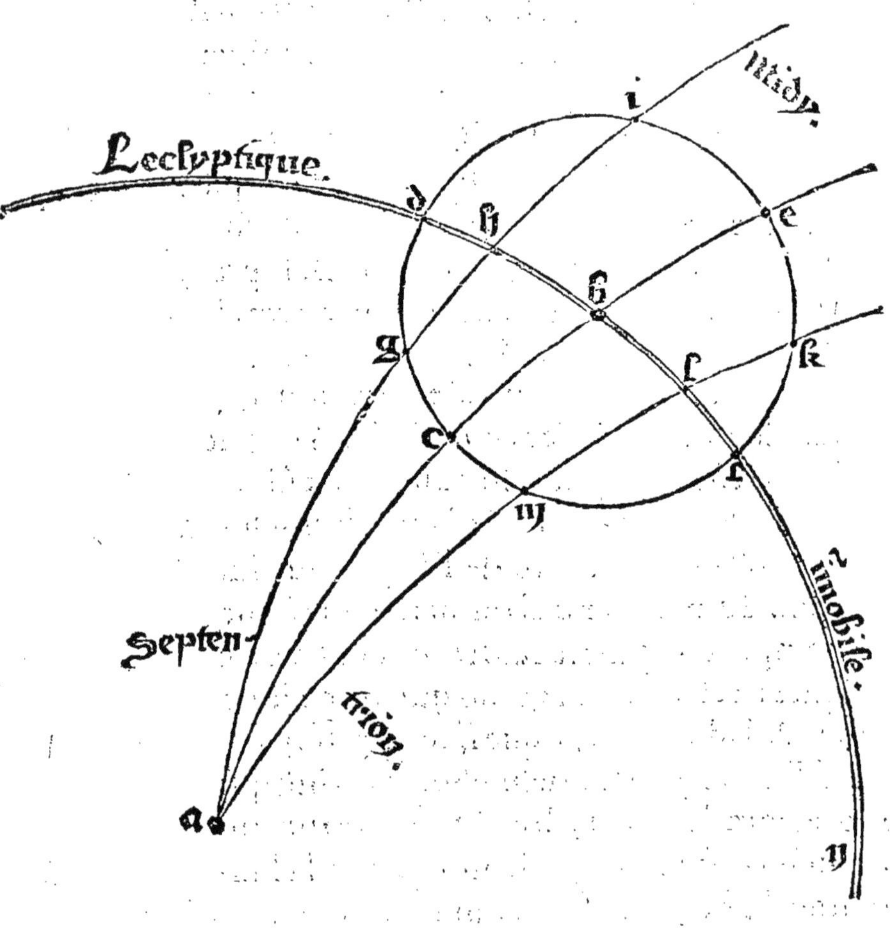

Ces choses necessairement premises, il cõuient noter que toutes & quantesfois que le chef d'Aries de la huitiesme Sphere, est au poinct septentrional de son petit cercle comme C, ou meridional comme E, ladicte equation est nulle : qui aduient quand le moyen mouuement est nul, ou demy cercle iustement, comme est l'arc C D E, de ladicte precedente figure. Et quand le moyen mouuemẽt est precisemẽt nonante degrez, ou deux cens septante, lors ladicte equatiõ est la plus grande que puisse aduenir: cõme le chef d'Aries de ladicte huitiesme Sphere estant au point D, oriental, ou occidental F, de sondit petit cercle: car ladicte equatiõ est le semidiametre B D, ou B F. Mais quand ledit moyen mouuement ne passe poinct cent octante degrez, estãt moindre que demy cercle, lors on adiouste ladicte equation au mouuement de la neufiesme Sphere, qui est le moyẽ mouuement des auges des planetes, pour auoir le vray. Et si ledit moyen mouuemẽt de la huitiesme Sphere passe demy cercle, il faut lors soubtraire ladicte equation. Metez le cas que le moyen mouuement des auges soit N B, & le moyen mouuement de la huitiesme Sphere C G, ou C D I, il faut adiouster l'equation B H, audit moyen mouuemẽt N B, pour

Pour auoir le vray mouuemẽt de la huictiesme Sphere.

Exemple & demonstration du propos precedent.

auoir le vray N H. Itē mettez le cas que ledit moyē mouuement de ladite huitiesme Sphere soit C D K, ou C K M, il conuient soubtraire l'equation B L, dudit moyen mouuement N B, pour auoir le vray N L. Et ce suffise quant à ceste matiere : auquel lieu ie feray fin aux presentes Theoriques: suppliant touts bons esprits prendre mon labeur agreablement.

Cy finist la Theorique de la huictiesme Sphere & sept Planetes : tresclairement & au vray demonstree & elucidee par ORONCE FINE, *en son viuant Lecteur Mathematicien du Roy.*

LOVANGE DES ASTRONOMES ET SPECVLATEVRS du Ciel: extraicte du premier des Fastes d'Ouide.

Heureux sept fois sont les premiers esprits
Qui ont des cieux les grãds secrets cõpris.
Heureux esprits qui par bones raisõs
Allérent voir les celestes maisons:
Croire nous faut qu'en oubliant touts vices,
Touts passetemps, toutes folles delices,
Que iusqu'au Ciel leurs testes eleuérent,
Et ce faisant touts humains surpassérent:
Ny le vin pur, ny la cour, ny l'amie,
Ny les proces, ne la guerre ennemie,
Ny le masque d'vne gloire venteuse,
Ny des estats poursuitte ambitieuse,
Ny l'aspre faim des biens & grands honneurs
Ne sceurent onc pouuoir gaigner leurs cœurs:
Mieux ont aimé mettre deuant nos yeux,
Les corps du ciel, leurs hauteurs, & leurs lieux
Et firent tant que touts leurs mouuements
Furent compris par leurs entendements:
Voila comment il faut au Ciel venir,
Voila qui fait immortel deuenir.

LA MORT N'Y MORD.

VIRTVTIS ET GLORIÆ

COMES INVIDIA.

www.ingramcontent.com/pod-product-compliance
Ingram Content Group UK Ltd.
Pitfield, Milton Keynes, MK11 3LW, UK
UKHW020324230726
13925UKWH00002B/600